JN094066

力学

II

解析力学

新装版

原島 鮮 著

裳華房

本書は 1973 年 2 月刊，原島鮮著「力学 II — 解析力学 —」を“新装版”として
刊行するものです．

JCOPY 〈出版者著作権管理機構 委託出版物〉

はしがき

　この"力学 II"は"力学 I"に続き力学の一般論としての解析力学に特殊相対性理論と前期量子論を含めたものである．仮想仕事の原理にはじまり，ダランベール，ハミルトン，ラグランジュなどの名前で代表される力学の諸原理を説明してある．著者の前の著書"力学"と内容はよく似ているが，かなりくわしくしてある．小振動の一般論と 3 体問題は新しく設けたものである．解析力学はそれだけでも独立したもので力学理論の美しさを示しているものであるが，古典力学から発達した量子力学との関連も常に頭においた．

　この本では力学での変数の変換と変換に際しての不変量というものに基調の 1 つをおいている．特殊相対性理論で 4 次元世界のベクトルと変換に重点をおいたのもその現われである．

　前著"力学"に比べて簡潔さが足らないように思われるが，少しくわしい立入った説明がこれを補ってくれることを期待している．改悪にならないことを望んでいる．

　裳華房 遠藤恭平氏はこの出版に対して全幅の理解をして下され，同書房 真喜屋実孜氏は校正その他，字の配り方までお世話下さった．厚く感謝する．

　コンピューターを使った図形，特にブラウン管に映した 3 体問題の写真は文部省科学研究費特定研究による成果の一部である．これを可能にして下さった関係の方々に御礼申し上げる．

　　昭和 47 年 12 月

　　　　　　　　　　　　三鷹にて　　　原島　　鮮

目　次

14　仮想仕事の原理

§14.1　仮想変位 ……………… *1*

§14.2　仮想変位の原理 ………… *4*

§14.3　つり合いの安定と不安定

…………………………… *11*

第 14 章　問題……………………… *12*

15　変 分 法

§15.1　変 分 法 ……………… *14*　　第 15 章　問題……………………… *22*

16　D'Alembert の原理

§16.1　D'Alembert の原理 ……… *23*　　第 16 章　問題……………………… *27*

17　Hamilton の原理と最小作用の原理

§17.1　Hamilton の原理 ………… *29*　　§17.3　測 地 線 ……………… *39*

§17.2　最小作用の原理 ………… *34*　　第 17 章　問題……………………… *40*

18　Lagrange の運動方程式

§18.1　一般化された座標と
Lagrange の運動方程式
…………………………… *41*

§18.2　質点系の振動 …………… *50*

§18.3　定常運動付近の運動 …… *57*

§18.4　束縛条件が時間による
場合の Lagrange の運動
方程式 ………………… *63*

§18.5　速度によるポテンシャルを
持つときの Lagrange の

運動方程式 ………… *65* | 第 18 章　問題……………………… *66*

19　正準方程式

§ 19.1　正準方程式 ……………… *68* | § 19.3　Hamiltonian の形………… *74*
§ 19.2　Legendre 変換 ………… *72* | 第 19 章　問題……………………… *79*

20　正準変換

§ 20.1　正準変換 ……………… *80* | § 20.6　微小正準変換
§ 20.2　Hamilton の原理の変形 | 　　　　（微小接触変換）……… *98*
　　……………………… *82* | § 20.7　正準変換での不変量 ……*100*
§ 20.3　正準変換の母関数 ……… *83* | 　（1）相対積分不変量 …………*100*
§ 20.4　Hamilton-Jacobi の偏微分 | 　（2）絶対積分不変量 …………*101*
　　　　方程式 ………………… *89* | § 20.8　Poisson の括弧式 ………*105*
§ 20.5　正準変数としての | 第 20 章　問題……………………*112*
　　　　エネルギーと時間 …… *96* |

21　振動の一般論

§ 21.1　平衡の条件と安定の条件 | § 21.4　規準座標 ………………*124*
　　………………………*114* | § 21.5　重根のある場合 ………*125*
§ 21.2　小　振　動 ………………*117* | § 21.6　規準振動の停留性 ………*126*
§ 21.3　直交関係 ………………*123* | 第 21 章　問題……………………*129*

22　3 体問題

§ 22.1　3 体問題…………………*130* | § 22.3　制限 3 体問題 …………*138*
§ 22.2　正三角形解と直線解 ……*134* |

23　前期量子論

§ 23.1　1 自由度体系の量子条件 | § 23.2　*J* の意味 ………………*143*
　　…………………………*139* | § 23.3　多重周期運動 …………*144*

§23.4　Kepler 運動 ⋯⋯⋯⋯⋯⋯*146*　│　第 23 章　問題⋯⋯⋯⋯⋯⋯⋯⋯⋯*148*

24　特殊相対性理論

§24.1　特殊相対性理論 ⋯⋯⋯⋯*150*

§24.2　事件とその記述 ⋯⋯⋯⋯*152*

§24.3　Lorentz 変換⋯⋯⋯⋯⋯⋯*154*

§24.4　同時刻の相対性 ⋯⋯⋯⋯*159*

§24.5　Lorentz 収縮⋯⋯⋯⋯⋯⋯*162*

§24.6　動く時計の遅れ ⋯⋯⋯⋯*162*

§24.7　速度の合成 ⋯⋯⋯⋯⋯*165*

§24.8　Lorentz 変換の

　　　　幾何学的表示 ⋯⋯⋯⋯*167*

§24.9　4 元ベクトル⋯⋯⋯⋯⋯⋯*174*

§24.10　運動量と質量 ⋯⋯⋯⋯⋯*176*

§24.11　力　仕事　エネルギー

　　　　⋯⋯⋯⋯⋯⋯⋯⋯⋯⋯⋯*177*

§24.12　運動量とエネルギー ⋯⋯*179*

§24.13　運動方程式の

　　　　Lorentz 不変な形 ⋯⋯*181*

§24.14　双曲線運動 ⋯⋯⋯⋯⋯⋯*183*

§24.15　エネルギーと質量(I)

⋯⋯⋯⋯⋯⋯⋯⋯⋯⋯⋯⋯⋯*185*

§24.16　エネルギーと質量(II)

⋯⋯⋯⋯⋯⋯⋯⋯⋯⋯⋯⋯*187*

§24.17　物質の消滅 ⋯⋯⋯⋯⋯⋯*189*

§24.18　特殊相対性理論の

　　　　実験的証拠 ⋯⋯⋯⋯⋯*190*

　(1) Michelson-Morley の実験

⋯⋯⋯⋯⋯⋯⋯⋯⋯⋯⋯⋯⋯*190*

　(2) 質量と速度の関係 ⋯⋯⋯⋯*191*

　(3) β 線が静止している電子に

　　　当たる場合 ⋯⋯⋯⋯⋯⋯*191*

　(4) 質量とエネルギーの関係

⋯⋯⋯⋯⋯⋯⋯⋯⋯⋯⋯⋯⋯*192*

　(5) 質量の消滅 ⋯⋯⋯⋯⋯⋯⋯*193*

§24.19　Lagrangian と Hamiltonian

⋯⋯⋯⋯⋯⋯⋯⋯⋯⋯⋯⋯⋯*193*

第 24 章　問題⋯⋯⋯⋯⋯⋯⋯⋯⋯*194*

問題解答指針 ⋯⋯⋯⋯⋯⋯⋯⋯⋯⋯⋯⋯⋯⋯⋯⋯⋯⋯⋯⋯⋯⋯⋯⋯⋯*196*

索　　引 ⋯⋯⋯⋯⋯⋯⋯⋯⋯⋯⋯⋯⋯⋯⋯⋯⋯⋯⋯⋯⋯⋯⋯⋯⋯⋯⋯*213*

14 仮想仕事の原理

§14.1 仮想変位 [1]

この章から解析力学に入る．そのためまず仮想仕事の原理というものを説明する．仮想変位ということばの意味と，なぜそのようなものを考えるかということを説明しよう．力学的体系のうちでもっとも簡単なのは空間内を自由に動くことのできる1個の質点の場合であるが，これはあまりに簡単すぎて，仮想変位の意味をつかまえるのにかえって不便である．それでもっと複雑な，滑らかな，または固い束縛条件にしたがう体系について述べることにしよう．

一体，力学的体系の構造を述べるのにどれだけのことをいえばよいかということから考えよう．もちろん，その体系の各部分の形，質量（または重さ），接触している部分の状態をすべて述べれば，それでその体系のつり合いなり，運動なりを議論するのに必要な材料が与えられるわけであるが，これらの材料が全部必要であるとは必ずしもいえない．体系の運動（つり合いはその特別な場合である）を調べるのに最小限の知識があればよいのである．たとえば，体系の一部がねじになっている場合，ねじを切ってあるところの形がどうであるとか，どことどことが触れあってどのような力を作用しあっているかということは通常必要ではなく，ただねじを1回転させると，どれだけ進むかということ，すなわち，ねじの歩み（ピッチ）がどれだけかということが重要なことである．

---

1) virtual displacement.

　一般に，力学的体系は束縛条件にしたがいながら（束縛条件のない場合もこの特別な場合である），その各部分が動くことができるようになっているのであるが，同時に，その体系はそのいろいろな点を作用点として外からの力の作用を受けている．その各部分が動く自由さは，剛体の力学のところでも使った自由度ということばで表わされる．

　たとえば，球面上に束縛されている質点は，極座標 θ, φ（地球面上の緯度の余角と経度に相当する）によってその位置がきめられるから，自由度は2である．てこでは支点が固定されて，そのまわりに回ることができるだけであるから自由度は1，糸の上端を固定して下端に球をつるしてつくった振り子（12. 1-4図）では，糸の傾き θ と球のきまった半径（たとえば，球の中心と糸のついている点を結ぶ半径）の傾き φ が与えられればきまるから自由度は2である．もっとも簡単なのは，束縛を受けずに，空間内を自由に運動することのできる質点の場合で，自由度は3である．

　自由度が1の体系は，それがどんなに複雑な体系であっても，その中の1つの点を束縛条件を破らないように動かせば，他のすべての点はそれにしたがって動く．たとえばてこの場合，14. 1-1図で，左の端 A が下に動くように棒が傾けば，それにしたがって右の端 B 点は上方に上がり，その他の点もそれぞれこの構造によってきまる変位をする．$\overline{\mathrm{CA}} = a, \overline{\mathrm{CB}} = b$ とし，このときの傾き θ を小さくとれば，A は $a\theta$ だけ下に，B は $b\theta$ だけ上に変位する．

　14. 1-2図は，動滑車 C と定滑車 C′ に糸をかけてつくったものであるが，動滑車 C が h だけ下に移動すると，C にかかっている両方の糸の鉛直の部分がおのおの h だけ長くなるので，一番右の糸から $2h$ だけの長さがくり出されなければならない．そのため糸の端 A は $2h$ だけ上に移動する．

　次の節または後の節で示すように，一般に体系の力学的構造は，その体系のつり合いまたは運動に関するかぎり，その各部分が微小な変位を行なうとき，

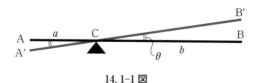

14. 1-1 図

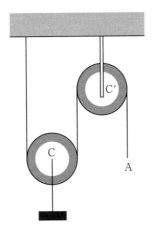

14.1-2 図

これらの変位が互いに独立であるか，またはどのような比率になっているかが与えられればよいので，それ以上のくわしいことはいらない．それで，このような変位のことを**仮想変位**（virtual displacement）とよぶ．

　体系が時間の経過につれて運動していけば，その各点は体系の構造上許される変位のうち1つをたどっていく．つり合っていれば時間につれての変位はない．仮想変位というのは，この時間の経過にしたがっての変位とは別に，考えている体系の構造を示すのに体系の各部分が互いにどのような変位をすることが可能であるかということで示そうとするものである．それで仮想変位という名がある．それゆえ，

　仮想変位というのは体系の力学的構造を述べているだけで，つり合っているか，運動しているかという話の出る以前のこと

である．

　てこの場合には，腕の長さが $\overline{\mathrm{CA}} = a$，$\overline{\mathrm{CB}} = b$ と述べればその力学的構造を述べたことになるが，その代りにAが $a\theta$（θ：微小）だけ下に変位すれば，Bが $b\theta$ だけ上に変位するような構造になっているといってもよい．このとき，$a\theta$ と $b\theta$ とが仮想変位[1]（次頁）である．これから仮想変位を表わすのに，位置を表わす変数の前に δ をつけることにする．たとえばてこの場合には，14.1-1 図

の θ の代りに $\delta\theta$ というように書く．実際の運動による変位は $d\theta$ のように d をつけることはいままでと同様である．

仮想変位は比だけが重要である

ことを注意しておこう．

§14.2 仮想変位の原理

質点系をつくっている各質点が一般にある束縛条件にしたがって動くことができるとき，これが質点系外からの力，質点間の力，束縛力の作用を受けてつり合っているものとする．前に質点系の力学（§10.1）で力を内力と外力とに分けたが，これからの議論ではそのように分類せず，**束縛力**と**束縛力でない力**とに分ける．束縛力でない力の方は，重力のようにはじめからわかっている力で，**直接の力**，**加えられた力**（applied force，このことばは外力と混同しやすいが使用されることがある），**既知力**（known force），**駆動力**（ドイツ語の treibende Kraft）などいろいろと名がある．

束縛力は，加えられた力と束縛条件とからつり合いの式を経てはじめてきまるもので，未知量であるのをふつうとする．

---

i 番目の質点に働く加えられた力を $\boldsymbol{F}_i(X_i, Y_i, Z_i)$ とし，束縛力を $\boldsymbol{S}_i(S_{xi}, S_{yi}, S_{zi})$ とする．つり合っているのであるから明らかに，

$$X_i + S_{xi} = 0, \qquad Y_i + S_{yi} = 0, \qquad Z_i + S_{zi} = 0 \qquad (14.2\text{-}1)$$

である．

いま，つり合いの位置から各質点について束縛条件を破らない範囲の小さな

---

1) いままで説明したところによると仮想変位は，あるいは体系の**可能な変位**といった方がわかりやすいかもしれない．時間の経過にともなう実際の変位とは別に考えるという意味で仮想といってもよいことはもちろんである．可能だからこそ仮想もできるわけであるから，どちらでも結局は同じことかもしれないが，体系の行なうことのできる可能な変位という心持ちでこのことばを使った方が理解しやすいことが多い．

変位，すなわち仮想変位を考え，これを $\delta x_i, \delta y_i, \delta z_i$ としよう．$\delta x_i, \delta y_i, \delta z_i$ は体系の構造上許される変位をとるのであり，またどのような変位が可能かということが体系の力学的構造の表現でもあるが，いまこれらの仮想変位に対して，それと力とのスカラー乗積，すなわち仕事の形の式をつくってみる．そのときの加えられた力と束縛力との行なう仕事は

$$\delta' W = \sum\{(X_i + S_{xi})\delta x_i + (Y_i + S_{yi})\delta y_i + (Z_i + S_{zi})\delta z_i\} = 0.$$

$$(14.2\text{-}2)$$

$\delta' W$ を**仮想仕事**（virtual work）とよぶ.

　質点系の力学のところで述べたように，質点の移動に対して束縛力が仕事をしないことがよくある（滑らかな束縛，固い束縛）．そのときは，(14.2-2) の束縛力に関する項は消えて

$$\sum(X_i\delta x_i + Y_i\delta y_i + Z_i\delta z_i) = 0 \qquad (14.2\text{-}3)$$

となる．すなわち，

> 質点系について考える任意の仮想変位 $\delta x_i, \delta y_i, \delta z_i$ に対して加えられた力の行なう仮想仕事は 0 である.

逆に

> 束縛力が仕事をしない体系で，任意の仮想変位 $\delta x_i, \delta y_i, \delta z_i$ に対して加えられた力の行なう仮想仕事が 0 であるとき（(14.2-3) が成り立つとき），この体系はつり合っている.

　これを証明するために，つり合わないとしてみよう．各質点は，実際に（時間の経過につれて）動き出すはずである．i 番目の質点の加速度を $d^2 x_i/dt^2$, $d^2 y_i/dt^2, d^2 z_i/dt^2$ [2] とすれば

$$m_i \frac{d^2 x_i}{dt^2} = X_i + S_{xi}, \quad m_i \frac{d^2 y_i}{dt^2} = Y_i + S_{yi}, \quad m_i \frac{d^2 z_i}{dt^2} = Z_i + S_{zi}$$

$$(14.2\text{-}4)$$

---

2) 実際に動き出すときの時間的経過を考えているのであるから δ を使わず d を使う.

となる. これらの式に $\delta x_i, \delta y_i, \delta z_i$ [1] を掛けて加え, そのうえ i について加え合わせると,

$$\sum_i m_i \left(\frac{d^2 x_i}{dt^2} \delta x_i + \frac{d^2 y_i}{dt^2} \delta y_i + \frac{d^2 z_i}{dt^2} \delta z_i \right)$$

$$= \sum_i (X_i \delta x_i + Y_i \delta y_i + Z_i \delta z_i) + \sum_i (S_{xi} \delta x_i + S_{yi} \delta y_i + S_{zi} \delta z_i)$$

$$(14.2\text{-}5)$$

となる. 右辺の第2の項は仮定によって0である. 左辺について考えるのに, 各質点の動き出す方向（この方向は束縛条件にしたがうことは明らかである）を $\delta x_i, \delta y_i, \delta z_i$ の特別な場合と考えることができる. 静止の状態から動き出すのであるから, 動き出す方向と加速度の方向は一致している. したがってそのスカラー積は正である. すなわち,

$$\frac{d^2 x_i}{dt^2} \delta x_i + \frac{d^2 y_i}{dt^2} \delta y_i + \frac{d^2 z_i}{dt^2} \delta z_i > 0 \qquad (14.2\text{-}6)$$

であるような $\delta x_i, \delta y_i, \delta z_i$ が存在することになる. (14.2-5) は

$$\sum_i (X_i \delta x_i + Y_i \delta y_i + Z_i \delta z_i) > 0 \qquad (14.2\text{-}7)$$

となり, (14.2-3) が成立するという仮定に反する. したがって上の逆の方の場合が証明できた.

　以上まとめると,

　束縛力が仕事を行なわないような体系で, これがつり合うのに必要で十分な条件は, この体系が束縛条件を破らない範囲でその構造上許されている任意の変位（仮想変位）を考えて, これに対する加えられた力の行なう仕事を考えるとき, その和が0になることである. [2]

これを**仮想変位の原理**（principle of virtual displacement）または**仮想仕事の原理**（principle of virtual work）とよぶ.

---

1) δ と d の区別に注意していただきたい.
2) 仮想変位は束縛条件を破らないようにとるのであるから仮想仕事の原理の式には束縛力は入ってこない. 束縛力も求めたいときには, その束縛力の関係している束縛条件を破るような仮想変位を考える. この節の例題2をみよ.

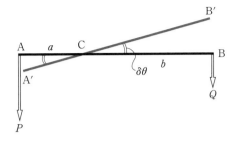

14.2-1 図

　てこの場合について説明しよう．14.1-1 図と同様な図をもう一度描く（14.2-1 図）．てこの両端 A, B で鉛直下方に大きさ P, Q の力が働いているものとする．そのつり合い条件は剛体のつり合い条件から

$$Pa = Qb \qquad\qquad (14.2\text{-}8)$$

であることはもちろんであるが，この関係式を仮想変位の原理の考え方から求めてみよう．

　この場合，C で支えられていることが束縛条件であるから，これを破らないように小さく動かすとき，A, B 両端（力の作用する点）がどれだけ動くかを考える．微小な角 $\delta\theta$ だけ C のまわりに回したとすれば，A は $a\,\delta\theta$ だけ下に移動し，B は $b\,\delta\theta$ だけ上に移動する．したがって，P の行なう仕事は $Pa\,\delta\theta$，Q の行なう仕事は $-Qb\,\delta\theta$ である．それゆえ，全体の仕事は

$$\delta' W = Pa\,\delta\theta + (-Qb\,\delta\theta) = (Pa - Qb)\delta\theta$$

となる．つり合い条件は $\delta' W = 0$ であるから，

$$Pa = Qb.$$

すなわち，（14.2-8）と一致する結果が得られる．

　つり合いの条件式（14.2-3）の導き出し方からも，また上のてこの場合の扱い方からもわかるように，私たちは，体系のあらゆる点の動き方を知る必要はなく，加えられる力の着力点の動き方だけを知ればよい．つまり，仮想変位の原理は，加えられる力と体系の構造上許されるそれらの着力点の変位との関係としてのつり合い条件を与えるものということができよう．

　仮想仕事を考えることを"仮に動かして仕事をさせてみる"といってもよいが，これではことばが少し足りない感じがする．"動かしてみる"とは，つり合っているかどうかということには無関係にその体系の構造をみるためだけのも

のである. てこの場合についていうと, $\overline{CA} = a$, $\overline{CB} = b$ であるというのと, A が $a\delta\theta$ だけ下に移動すれば B は $b\delta\theta$ だけ上に移動するというのとは同じことで, もっと複雑な体系のときには後のいい方にしたがう方が理論を簡単にする. この仮想変位と加えられる力とのスカラー積をつくるとつり合いの条件式が出てくるのであるが, スカラー乗積がたまたまエネルギーと関係のある仕事の表現と一致するから"仕事"とよんでおり, またその方がつごうがよいというだけの話である. 仕事ということばにあまり意味を持たせず, 加えられた力と体系の構造との関係式ということに重点をおいた方が, この原理の意味をよくとらえることができよう.

　質点系の各質点に働く"加えられた力"が保存力だけである場合には, これに対する位置エネルギーを U とすれば

$$\delta' W = \sum (X_i \delta x_i + Y_i \delta y_i + Z_i \delta z_i)$$
$$= -\sum_i \left(\frac{\partial U}{\partial x_i} \delta x_i + \frac{\partial U}{\partial y_i} \delta y_i + \frac{\partial U}{\partial z_i} \delta z_i \right) = -\delta U.$$

したがって, つり合うための条件は

$$\delta U = 0 \qquad\qquad (14.2\text{-}9)$$

である. すなわち,

> 質点系がつり合いにあるためには, 束縛条件を満足する任意の仮想変位に対し, 位置エネルギーの変化は 0（高次の微小量）でなければならない.

　一様な重力場の場合はよく出てくるものであるが, そのときには

$$U = \sum_i m_i g z_i = g \sum_i m_i z_i.$$

ただし, z_i は各質点の高さを表わす. 重心の高さを z_G とすれば,

$$U = M g z_\mathrm{G}. \qquad\qquad (14.2\text{-}10)$$

すなわち, つり合いの条件は

$$\delta z_\mathrm{G} = 0 \qquad\qquad (14.2\text{-}11)$$

で, 重心が微小仮想変位に対して高さを変えないところでつり合う.

　質点が滑らかな氷の山の上にいるものとしよう. つり合いの位置は（安定か不安定かは別として）山の頂上, 凹みの底, 峠の点である. そこでは $\delta z = 0$ が

成り立つ．ところでこの δz は水平方向の仮想変位 $\delta x, \delta y$ を考えたときの位置エネルギーの変化 δU を与える．山にいるときには，通常私たちは $\delta x, \delta y$ をとるのにあたりを見わたすであろう．そして自分の現在いるところからどのような変位が可能か，またその結果 δU が 0 になるかどうかをみるのである．これが仮想変位をとることである．暗夜ならば棒でさぐるか，または手や足でさぐるであろう．時間的に実際に行なわれる変位を考えるのと意味がちがうことに注意せよ．

例題1　14.2-2図のように３個の動滑車（重さは無視する）と１個の定滑車とから成り立っている体系を考え，w, W の重さのおもりをつるしたときつり合う条件を求めよ．

解　任意にきめた水平面から W と w までの高さを y_1, y_2 とすれば，重心の高さは

$$y_G = \frac{Wy_1 + wy_2}{W + w}.$$

w が h だけ下に変位するような仮想変位を行なわせれば，W の方は $h/8$ だけ上に変位する．したがって重心の位置は

$$y_{G'} = \frac{W(y_1 + h/8) + w(y_2 - h)}{W + w}$$
$$= y_G + \frac{Wh/8 - wh}{W + w}$$

となる．つり合っているためには重心が上下しないのであるから，$y_{G'} = y_G$．それゆえ，

$$W\frac{h}{8} - wh = 0, \quad \text{すなわち} \quad w = \frac{W}{8}. \qquad \blacklozenge$$

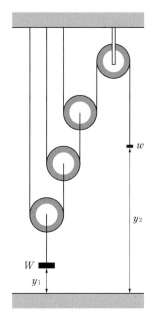

14.2-2図

例題2　14.2-3図のように一様な等しい棒 AB, BC, CD, DA をちょうつがいで滑らかに連結し，AB を鉛直に保って固定する．全体で正方形を形成させるために AD の中点 E と CD の中点 F とを糸でつなぐ．おのおのの棒の重さを W とするとき，糸の張力を求めよ．

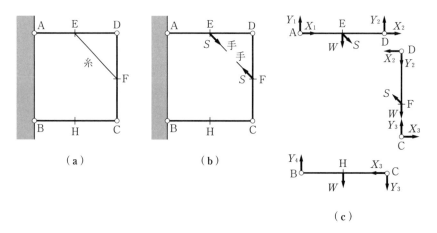

(a)   (b)   (c)

14. 2-3 図

解　糸の張力を求めたいのであるが，これはもともと束縛力である．しかし，仮想変位の原理では束縛力は式に現われないから，ここでは未知量であることを考えて，ことばは不適当であるが，加えられた力のように扱うことにしよう．それには，糸を切って，その切った糸の端を手に持ち，糸の張力と等しい力で同じ方向に引張ると考えても全体のつり合いには無関係である．図 (b) のようになる．そのようにしておいて，全体に仮想変位を行なわせる．このようにすると $\overline{\mathrm{EF}}$ の長さが変わるような変位も可能な変位となる．AD, BC が $\delta\theta$ だけ傾くような変位を考えると，E 点は $a\delta\theta$ だけ，F 点は $2a\delta\theta$ だけ，H 点は $a\delta\theta$ だけ鉛直下方に変位する．水平方向の変位は $(\delta\theta)^2$ の程度であるから考えなくてよい．

重力の行なう仕事：$2Wa\delta\theta + W\cdot 2a\delta\theta = 4Wa\delta\theta$.

E に働く S の行なう仕事：$\dfrac{Sa}{\sqrt{2}}\,\delta\theta$.

F に働く S の行なう仕事：$-\sqrt{2}\,Sa\delta\theta$.

したがって，全体の仮想仕事は

$$\delta'W = 4Wa\delta\theta + \frac{Sa}{\sqrt{2}}\delta\theta - \sqrt{2}\,Sa\delta\theta = 0.$$

$$\therefore\ S = 4\sqrt{2}\,W. \qquad\qquad\blacklozenge$$

この問題で仮想変位の原理を使わないで，棒 AD, CD, BC のつり合い条件を

別々に書いてから S を求めてみよう．AD, DC, CB を図 (c) のように別々に書き，固定点 A, B で AD, BC に働く力，ちょうつがいで棒が互いに作用しあう力，糸の張力を書き込む．$X_1, \cdots, X_4, Y_1, \cdots, Y_4, S$ は未知量である．これに対して，剛体のつり合いの式は (11.1-8)（「力学 I」の 188 ページ）の形の式 3 個ずつを，AD, CD, BC について書いて 9 個の式が得られるから，$X_1, \cdots, Y_4$ の 8 個を消去して S を求める．

　このように仮想変位の原理を使わないと，結局は消去する必要のある束縛力を一応使って式を立てなければならないし，また消去する手続きも 1 次連立方程式であるから必ずできるがだいぶ込み入っている．仮想変位の特長の 1 つは

> 不要な束縛力は使わなくてすむ

こと，もう 1 つは

> 仕事はスカラーであるため，加えるのに代数的に加えるだけでよい

ことである．

§14.3　つり合いの安定と不安定

　質点系に働く "加えられた力" が保存力である場合に，つり合いが安定であるか，不安定であるかがいろいろな場合問題になる．加えられた力に対する位置エネルギーを U とするとき，つり合いの条件は

$$\delta U = 0 \tag{14.3-1}$$

である．

　U が極小値をとる場合を考える．質点系をつり合いの位置から少しずらして，初速度 0 で放すとき動き出すのであるが，そのときの i 番目の質点の座標 (x_i, y_i, z_i) の微小時間の変位を dx_i, dy_i, dz_i とし，これに働く加えられた力を (X_i, Y_i, Z_i)，束縛力を (S_{xi}, S_{yi}, S_{zi}) とすれば，i 番目の質点は加えられた力と束縛力とを合成した方向に動き出すから，その仕事は正である．すなわち，

$$(X_i + S_{xi})dx_i + (Y_i + S_{yi})dy_i + (Z_i + S_{zi})dz_i > 0.$$

各質点についての同様な式を加え合わせれば,

$$\sum_i \{(X_i + S_{xi})dx_i + (Y_i + S_{yi})dy_i + (Z_i + S_{zi})dz_i\} > 0.$$

前の節で述べたように束縛力のする仕事は 0 であるから, この式は

$$\sum_i (X_i dx_i + Y_i dy_i + Z_i dz_i) > 0$$

となる. この左辺は加えられた力のした仕事で $-dU$ に等しい. ゆえに,

$$dU < 0$$

となる. このように U が極小値をとるような位置から質点系を少しずらして, 静かに放す (初速度 0) と U が減少するように動き出すのであるから, 結局つり合いの状態に向かう方向に動くことになる. このようなとき質点系は**安定** (stable) なつり合いの状態にあるという.[1]

U が極大値をとる場合にも同様に考えることができる. 少しずらして静かに放せば, U が減少するように動き出すのであるから, 極大の位置からますます遠ざかるように動く. このようなとき質点系は不安定なつり合いの状態にあるという.

U がまったく変わらないときには, この質点系をずらしてもやはり新しい位置をもとにして $\delta U = 0$ の関係が成り立つから, やはりつり合いの状態にある. このようなときつり合いは**中立** (neutral) であるという. 一様な球を床の上においたときなど, この場合に属する. 前の節の例題 1 も 1 つの例である.

$\delta U = 0$ ではあるが, 峠の点のように質点系をずらす方向によって U が増したり減ったりするときには, 減る方向に少しずらしてから静かに放せば U がもっと減る方向に動き出し, 元にはもどらないから**不安定** (unstable) である.

━━━━━━ 第14章　問　題 ━━━━━━

1　鉛直面内にある滑らかな円形の輪に 2 つの小さな環が通してあって, これらの環

---

[1]　U の極小値の付近で静かに放たないで小さな速度を与えても, この U の極小値付近のまわりを小さな運動をするとした方がもっと厳密になる. これは Dirichlet (ディリクレ) の考え方で, これについては §21.1 をみよ.

は円輪の直径よりも短い糸で結ばれている．両方の環と円輪の中心を結ぶ直線が 2α の角をつくっているとして，つり合いの位置での糸が水平とつくる角 θ を求めよ．

2 1つの質点が力の中心 $O_1, O_2, O_3, \cdots$ から距離に比例する引力 $\mu_1 r_1, \mu_2 r_2, \cdots$ を受けている．つり合いの位置を見出せ．

3 重さのない棒（長さ $= l$）の下端を鉛直な滑らかな壁につけ，これを壁から c の距離にある滑らかな釘にかけ，上の端に重さ W のおもりをつるす．つり合いの状態での棒と鉛直のつくる角を求めよ．

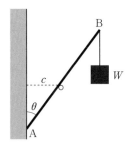

4 6本の等しい棒が滑らかに連結されて，正6角形 ABCDEF をつくり，A でつるされている．ここで，BF, CE 間には水平な重さのない棒を差し渡して形を保っている．両方の棒の中に存在する圧力の比は $5:1$ であることを示せ．

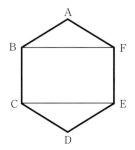

5 互いに直角に交わる滑らかな斜面（水平とつくる角 $= \alpha, (\pi/2) - \alpha$）の上に，一様な棒がかけてある．つり合いの状態での棒の傾きを求め，つり合いが安定か不安定かを調べよ．

6 半径 R の固定球の頂点に半径 r の球をおく．上の球の重心が両球の接触点の真上 h のところにあるとき，このつり合いは安定か不安定か．両球の面は粗くて滑らないものとする．

15

変 分 法

§15.1 変 分 法 [1]

この本のこれからの説明では変分法を使うことが多いので，ここで簡単に変分法の説明をしておこう．一般的な説明や厳密な条件はここでは省いて，それらは専門の書物に譲ることにする．

いま，x を独立変数，y をその関数とし，$x, y, y' = dy/dx$ の関数 $f(x, y, y')$ を x についてある領域に積分したものを考える．

$$I = \int_a^b f(x, y, y')dx. \qquad (15.1\text{-}1)$$

$y = y(x)$ という関数の形を変えれば（15.1-1）の I の値は変わる．そこで y の関数形を少し変えても I の値が停滞するような $y(x)$ はどのような関数形であるかという問題を考える．ただし

$x = a$, $x = b$ では y の値は変えないで，[2] その間の x に対する y の値をいろいろと変える

ものとする．いま，そのような関数形が求められたとし，これを $y = y(x)$ とし，それからのずれを δy と書くことにする．[3] 15.1-1 図で $\overline{PQ} = y$, $\overline{QR} = \delta y$ で

---

1) calculus of variation.
2) $x = a$, $x = b$ での y の値を変えるような変分の問題もある．

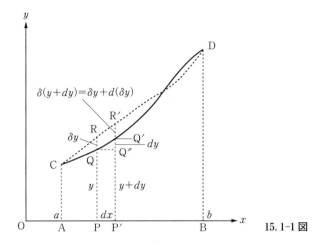

15.1-1 図

ある. δy は**変分**とよばれる. A $(x = a)$ から B $(x = b)$ までのすべての x につ
いて δy をとれば δy は x の関数である. y' もこれに応じて変わる. y' の変分
を $\delta y'$ とする. (15.1-1) の I の値の変化を求めれば,

$$\delta I = \int_a^b \left(\frac{\partial f}{\partial y} \delta y + \frac{\partial f}{\partial y'} \delta y' \right) dx. \tag{15.1-2}$$

15.1-1 図で $\overline{\mathrm{Q'R'}}$ は $y + dy$ の変分で $\delta(y + dy)$ である. 一方, 変分 δy を x
の関数と考えれば $\mathrm{P}(x)$ での y の変分は δy, $\mathrm{P'}(x + dx)$ での変分は $\delta y +$
$\dfrac{d(\delta y)}{dx} dx = \delta y + d(\delta y)$ である. したがって

$$\delta(dy) = d(\delta y).$$

それゆえに,

$$\delta\left(\frac{dy}{dx} \right) = \frac{d}{dx}(\delta y). \tag{15.1-3}$$

すなわち, d をとる操作と δ をとる操作とはその順序を交換できる. (15.1-2)
は

$$\delta I = \int_a^b \left\{ \frac{\partial f}{\partial y} \delta y + \frac{\partial f}{\partial y'} \frac{d}{dx}(\delta y) \right\} dx.$$

第2項を積分する場合, 部分積分法を使えば

---

3)　これは, 与えられた x に対する $y(x)$ の値を δy だけ変えたものという意味で, x が dx
　　増すことによって起こる y の値の変化 $y(x + dx) - y(x) = dy$ とは意味がちがう.

$$\delta I = \int_a^b \frac{\partial f}{\partial y}\delta y\, dx + \left|\frac{\partial f}{\partial y'}\delta y\right|_a^b - \int_a^b \frac{d}{dx}\left(\frac{\partial f}{\partial y'}\right)\delta y\, dx.$$

仮定によって $x = a, b$ で δy は 0 であるから,

$$\delta I = \int_a^b \left\{\frac{\partial f}{\partial y} - \frac{d}{dx}\left(\frac{\partial f}{\partial y'}\right)\right\}\delta y\, dx$$

となる. I が停滞するためには $\delta I = 0$. δy は任意にとってよいのであるから, この式がいつも成り立つためには,

$$\frac{d}{dx}\left(\frac{\partial f}{\partial y'}\right) - \frac{\partial f}{\partial y} = 0 \tag{15.1-4}$$

でなければならない. 仮にそうでないとしよう. そうすると, x のある値で (15.1-4) の左辺が 0 でないことがあるはずで, そしてそれは十分小さい範囲で正だけ, または負だけの値をとるはずである. δy を考えるのに, この範囲で δy が一定の符号を持ち, 他の範囲では 0 になるようにとれば δI は 0 にはならないであろう. したがって (15.1-4) が成り立たなければならない.

(15.1-4) は y についての微分方程式になっており, 与えられた変分の問題はこのようにして微分方程式の問題に帰せられる. (15.1-4) を, 与えられた変分法の問題についての **Euler の微分方程式**とよぶ.

例題 1 一平面内 ((x, y) 平面) に 2 つの定点 A, B があるとき, これを結ぶ曲線の長さを極小にせよ.

解 答は A, B を通る直線であることは明らかであるが, 変分法で解いてみよう. A, B の x 座標を a, b とすれば, A と B とを結ぶ任意の曲線の長さは

$$I = \int_a^b \sqrt{1 + y'^2}\, dx$$

で与えられる. この場合 (15.1-1) の $f(x, y, y')$ は $\sqrt{1 + y'^2}$ である. Euler の方程式は

$$\frac{d}{dx}\left(\frac{y'}{\sqrt{1 + y'^2}}\right) = 0.$$

したがって

$$\frac{y'}{\sqrt{1 + y'^2}} = 一定. \quad \therefore\ y' = 一定$$

となる. これを積分すれば

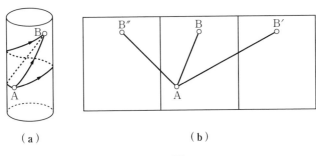

15.1-2 図

$$y = Cx + D.$$

C, D は積分定数で，この直線が A, B を通るという条件からきめられる．◆

例題2 円柱面上にある A, B 2 点を結ぶ円柱面上の曲線で，長さが極小であるものを求めよ．

解　この場合，円柱面を平面に展開してみれば，その平面で直線になるようなものであることは明らかである．円柱座標を r, θ, z（r は円柱の半径）とする．

$$I = \int_{\theta_A}^{\theta_B} \sqrt{(r\,d\theta)^2 + (dz)^2} = \int_{\theta_A}^{\theta_B} \sqrt{r^2 + z'^2}\,d\theta, \quad z' = \frac{dz}{d\theta}.$$

これから Euler の微分方程式をつくり，解けば

$$z = C\theta + D$$

となり，これは円柱面を展開したとき直線となることを示している．ただし，15.1-2 図の展開した図（b）で A といろいろな B（展開した面を並べたおのおのの面上の B 点）とを結ぶ直線に応じて，円柱面上 A から B に円柱をいく回りもして達する曲線や，逆向きに回って達する曲線がある．◆

例題3 2 つの定点 $(0, 0), (x_1, y_1)$ を滑らかな曲線で結び，重力の作用の下に，$(0, 0)$ から初速度 0 で滑らせるとき，(x_1, y_1) に達するまでに必要な時間が最小になるようにこの曲線をきめよ．

解　これは変分法の初期の発達に大切な役割を持っていた有名な問題で Bernoulli[1] の研究した（1696）**最速降下線**（brachistochrone）の問題である．

鉛直下方に y 軸をとれば，質点の座標が (x, y) であるときの速さは，力学的

---

1)　Johann Bernoulli（1667 ～ 1748）．スイスの数学者．

エネルギー保存の法則により $\sqrt{2gy}$ である．したがって，曲線上 ds を進むのに必要な時間は

$$\frac{ds}{\sqrt{2gy}} = \frac{\sqrt{1 + y'^2}}{\sqrt{2gy}}\, dx.$$

したがって

$$I = \int_0^{x_1} \frac{\sqrt{1 + y'^2}}{\sqrt{y}}\, dx$$

を極小にするような曲線 $y = y(x)$ を求めればよいことになる．Euler の微分方程式をつくれば

$$\frac{d}{dx}\left(\frac{y'}{\sqrt{y}\sqrt{1 + y'^2}}\right) + \frac{\sqrt{1 + y'^2}}{2y^{3/2}} = 0.$$

これを整理すれば

$$2yy'' + (1 + y'^2) = 0.$$

$y' = p,\ y'' = p\dfrac{dp}{dy}$ とおいて

$$\frac{2p\, dp}{1 + p^2} + \frac{dy}{y} = 0.$$

したがって

$$y(1 + y'^2) = 一定 = a, \qquad a：定数.$$

これから

$$\sqrt{\frac{y}{a - y}}\, dy = dx.$$

これを解くために，

$$y = a\sin^2\frac{\theta}{2} = \frac{a}{2}(1 - \cos\theta)$$

とおけば

$$\frac{a}{2}(1 - \cos\theta)d\theta = dx$$

となり，これを積分するのに，$y = 0$，すなわち，$\theta = 0$ で $x = 0$ の条件を使えば

$$x = \frac{a}{2}(\theta - \sin\theta)$$

となる．これを上の y の式とで，求める曲線を θ をパラメーターとして表わしたものが得られる．これがよく知られているようにサイクロイドである．◆

　以上は未知関数が y だけである場合を考えたが，2つまたはそれ以上の未知関数があるときも同様で，$y = y(x), z = z(x), \cdots$ とし，

$$I = \int_a^b f(x, y(x), z(x), \cdots, y'(x), z'(x), \cdots)dx \qquad (15.1\text{-}5)$$

を極小にするような $y(x), z(x), \cdots$ （ただし $x = a, b$ で $y, z, \cdots$ は与えられた値をとるものとする）を求めるのには，Euler の微分方程式

$$\left.\begin{array}{l} \dfrac{d}{dx}\left(\dfrac{\partial f}{\partial y'}\right) - \dfrac{\partial f}{\partial y} = 0, \\[3mm] \dfrac{d}{dx}\left(\dfrac{\partial f}{\partial z'}\right) - \dfrac{\partial f}{\partial z} = 0, \\[2mm] \qquad\cdots\cdots \end{array}\right\} \qquad (15.1\text{-}6)$$

を解けばよいことになる．

　次に，(15.1-1) または (15.1-5) の積分が極値をとる問題で，関数が他の条件を満足しなければならないこともある．たとえば，曲線の全長が与えられた値にきめられているような場合である．すなわち，

積分

$$I = \int_a^b f(x, y, y')dx \qquad (15.1\text{-}7)$$

を

$$\int_a^b g(x, y, y')dx = \text{与えられた値} = l \qquad (15.1\text{-}7)'$$

が満足される範囲内で極大または極小にするような $y = y(x)$ を求める

という問題である．この場合には Lagrange の未定乗数の方法を使う．つまり，(15.1-7), (15.1-7)′ の変分をとって

$$\delta\int_a^b f(x, y, y')dx = 0 \qquad (\delta I = 0 \text{から}),$$

$$\delta\int_a^b g(x, y, y')dx = 0 \qquad (\text{条件から})$$

とし，第1の式に1，第2の式に乗数（multiplier）を掛けて加えれば

$$\delta \int_a^b \{f(x,y,y') + \lambda g(x,y,y')\}dx = 0 \qquad (15.1\text{-}8)$$

となる．この（15.1-8）を条件のない場合の変分の問題として解けば，$y = y(x,\lambda)$ として y を x の関数として求めることができる．ただしその中に乗数（まだきめていない，つまり未定の）λ があるので，これは条件式（15.1-7）' を使って，

$$\int_a^b g(x,y,y')dx = l \qquad (15.1\text{-}9)$$

からきめる．つまり，（15.1-8），（15.1-9）の両式から，$y = y(x)$ と，はじめ未定にしておいて使った乗数 λ がきまることになる．次の例はよく知られている問題である．

例題4　糸の両端を固定し，これを重力場でつるすとき，つり合いにある糸の形を求めよ．[1]

解　（14.2-9）によって，糸全体の位置エネルギーが極小になってつり合う．糸をつるす点を $(x_0, y_0), (-x_0, y_0)$ とする．糸の微小な長さを ds とすれば

$$\delta \int_{(-x_0)}^{(x_0)} y\, ds = 0. \text{ [2]}$$

書き換えれば

$$\delta \int_{-x_0}^{x_0} y\sqrt{1 + y'^2}\, dx = 0. \qquad (1)$$

糸の長さは一定であるから，これを l とすれば

$$\int_{-x_0}^{x_0} \sqrt{1 + y'^2}\, dx = l. \qquad (2)$$

Lagrange の未定乗数の方法により，(1) + (2) × λ をつくれば

$$\delta \int_{-x_0}^{x_0} (y + \lambda)\sqrt{1 + y'^2}\, dx = 0$$

となる．この変分の式についての Euler の微分方程式を書けば

---

1)　この問題は Jakob Bernoulli（1654 ～ 1705）により研究されたので，歴史的に有名である．

2)　$(x_0), (-x_0)$ と括弧をつけたのは，積分変数が x でなく s であるから．

$$\frac{d}{dx}\frac{(y+\lambda)y'}{\sqrt{1+y'^2}} - \sqrt{1+y'^2} = 0.$$

$y' = \dfrac{dy}{dx} = p$ とおいて $\dfrac{d}{dx} = p\dfrac{d}{dy}$ を使えば,

$$\frac{dy}{y+\lambda} = \frac{p\,dp}{1+p^2}.$$

積分して

$$y + \lambda = c_1\sqrt{1+p^2}, \qquad c_1 : 定数.$$

これから

$$\frac{dy}{\sqrt{\left(\dfrac{y+\lambda}{c_1}\right)^2 - 1}} = \pm dx.$$

$\dfrac{y+\lambda}{c_1} = u$ とおいて積分すれば

$$u = \frac{1}{2}\left\{\exp\left(\frac{x+c_2}{c_1}\right) + \exp\left(-\frac{x+c_2}{c_1}\right)\right\}.$$

したがって,

$$y = \frac{c_1}{2}\left\{\exp\left(\frac{x+c_2}{c_1}\right) + \exp\left(-\frac{x+c_2}{c_1}\right)\right\} - \lambda.$$

$x = \pm x_0$ で $y = y_0$ であることから $c_2 = 0$.

$$\therefore\ y = \frac{c_1}{2}\left\{\exp\left(\frac{x}{c_1}\right) + \exp\left(-\frac{x}{c_1}\right)\right\} - \lambda = c_1\cosh\frac{x}{c_1} - \lambda.$$

糸の長さを求めるために

$$\int_{-x_0}^{x_0}\sqrt{1+y'^2}\,dx$$

を求めれば $2c_1\sinh\dfrac{x_0}{c_1}$ となるから, (2) は

$$2\sinh\frac{x_0}{c_1} = \frac{l}{c_1}$$

となる. $x_0/c_1 = \xi$ とおけば

$$\sinh\xi = \frac{l}{2x_0}\xi$$

となるから, l, x_0 を使って ξ が求められ, したがって c_1 がきまる. ◆

第15章 問題

1 (x, y) 平面内に 2 つの定点 A, B がある. A, B を結ぶ曲線をつくり, この曲線を x 軸のまわりに回して得られる回転面の面積が最小になるようにせよ.

2 球面上の 2 点を球面にそって結ぶ曲線の最短のものは大円であることを示せ.

3 問題 1 で曲線の長さが指定されているときはどうなるか.

16 D'Alembert の原理

§16.1 D'Alembert の原理

質量 m の質点に $F_1, F_2, \cdots, F_n$ の n 個の力が働き, この質点がその結果, 慣性系に対して A という加速度で運動しているとしよう. 運動の第2法則によって,

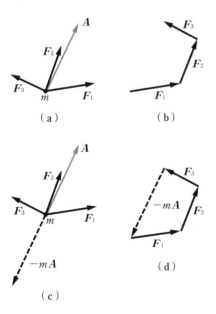

（a）　　　　　　（b）

（c）　　　　　　（d）

16.1-1 図

$$mA = F_1 + F_2 + \cdots + F_n \tag{16.1-1}$$

である. $F_1 + F_2 + \cdots + F_n$ は一般に 0 ではなく, これらの力を次々に接続させれば F_n の先端は F_1 の後端にくることなく, つまり, 開いた力の多角形をつくる. 16.1-1 図 (a), (b) に示す.

(16.1-1) を

$$F_1 + F_2 + \cdots + F_n + (-mA) = 0 \tag{16.1-2}$$

と書いてみると, もし力 $F_1, \cdots, F_n$ の他に $-mA$ というベクトルを考え（図 (c)）, 力の多角形で, F_n の矢の先端から $-mA$ というベクトルを引く

と図 (d) のようになる. $-m\boldsymbol{A}$ の矢の先端は $\boldsymbol{F}_1$ の後端に接続し, 力の多角形は閉じることになる. そこで $-m\boldsymbol{A}$ というベクトルを仮に力のように考え, これを**慣性抵抗**(force of inertia) と名づける. このように $-m\boldsymbol{A}$ を力の仲間に入れれば, (16.1-2) は力のつり合いの式と同じ形になるから次のようにいうことができる.

> 質点に働く実際の力と慣性抵抗とを合わせたものはつり合いにある力の系を形づくっている.

これを **D'Alembert**(ダランベール)**の原理**とよぶ.

　(16.1-1) と (16.1-2) の両方の式を比べると, 前の式の $m\boldsymbol{A}$ という項を移したものが後の式であって, 式の上からはほとんどちがうところがないが, $-m\boldsymbol{A}$ を仮に力のように考え, 実際に働く力と合わせて考えれば静力学の問題を考えるのと同じことになるところにその意味がある. たとえば, 等速円運動を行なっている質点を考えるとき, この質点は加速度を持っていてつり合いにないことはもちろんであるが, 実際に働く力のほかに加速度 (中心に向かって $r\omega^2$) と逆の方向, すなわち外向きに $mr\omega^2$ という大きさを持つ**仮想的な力** [1] を考えるとつり合いにある力の系となる. (16.1-2) を座標軸方向の成分で書けば,

$$\left.\begin{array}{l} X_1 + X_2 + \cdots + X_n + (-m\ddot{x}) = 0, \\ Y_1 + Y_2 + \cdots + Y_n + (-m\ddot{y}) = 0, \\ Z_1 + Z_2 + \cdots + Z_n + (-m\ddot{z}) = 0 \end{array}\right\} \qquad (16.1\text{-}3)$$

となる.

　質点がある軌道を描いて運動するときを考える. その法線方向の加速度の成分は曲率の中心に向かって V^2/ρ である. したがって, 慣性抵抗 $-m\boldsymbol{A}$ の法線成分は曲率の中心のある方向とは逆向きに (つまり軌道の外側に向けて)

---

1)　ここでも §9.2 の場合に使った "仮想的な力" とか "見かけの力" とかいうことばを使う. 人によるとこれらのことばは不適当であるという意見を持っているが, 慣性系に対する加速度の原因となる意味での力とはちがうので, ここでもこれらのことばを使うことにする.

mV^2/ρ である．これを特に**遠心力**（centrifugal force）とよぶことがある．それゆえ，

> 質点に働く実際の力の法線成分と，仮想的な力であるところの遠心力 mV^2/ρ とはつり合う

ことになる．遠心力ということばは前に§9.3の回転座標系に対する相対運動のところで使ったものであるが，両方の定義は一致することもあるが，一般には一致しない．[2] 等速円運動（半径 $= r$，角速度 $= \omega$）の場合の遠心力はどちらの考え方によっても mV^2/r または $mr\omega^2$ である．

いま，D'Alembert の原理をなかだちとして，運動力学と静力学とを結びつけ，したがって，運動力学の場合にも静力学の仮想変位の原理を使うことができることを示すのにつごうのよい簡単な例として円錐振り子の問題をとりあげてみよう．これは§9.3の例題2（「力学I」の150ページ）で説明した問題である．便宜上，図をもう一度ここに描いておこう（16.1-2図）．

運動の第2法則をそのまま書けば

$$\text{水平方向の運動方程式} : ml \sin\theta\, \omega^2 = S \sin\theta,$$
$$\text{鉛直方向の運動方程式} : 0 = S \cos\theta - mg.$$

これらから S を消去し，ω したがって周期 T を出せば，

$$T = 2\pi \sqrt{\frac{l \cos\theta}{g}}$$

となる．

次に D'Alembert の原理を使ってみよう．16.1-2図 (b) のように実際に働く力 mg, S の他に仮想的な力 $m(l \sin\theta)\omega^2$ を書き入れる．仮想的な力は破線で描く．この仮想的な力（ここでは遠心力）を仲間に入れれば，$S, mg, ml \sin\theta\, \omega^2$ の3つの力はつり合いにある力の系をつくっている．ちょうど糸で質点をつるして，この質点に実際に水平な力を加えてつり合わせた場合とまったく同じことになる．したがって，つり合いの条件を書けば

---

2)　この本では混同の心配もないので，読者が他の本を読まれるときの便宜を考え，特に一方だけに遠心力という名前を与えることをひかえ，どちらにも使うことにする．

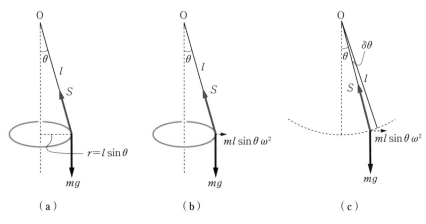

（a）　　　　　　　　（b）　　　　　　　　（c）

16. 1-2 図

水平方向のつり合い条件：$ml \sin\theta\, \omega^2 - S \sin\theta = 0,$

鉛直方向のつり合い条件：$S \cos\theta - mg = 0$

となり，上の第2法則をそのまま書いたものと同一のものが得られる．

　さて，一度静力学の問題に直してしまえば，静力学で使われる方法は自由に使うことができるはずである．そこで仮想変位の原理を使ってみよう．16.1-2図（c）のように糸の傾きを θ から $\theta + \delta\theta$ に変える仮想変位に対しておのおのの力の行なう仕事を計算すればよい．

$ml \sin\theta\, \omega^2$ のする仕事：$ml \sin\theta\, \omega^2 (l\,\delta\theta) \cos\theta,$

mg のする仕事：$-mg \sin\theta\, (l\,\delta\theta),$

S の行なう仕事：$0.$

したがって，仮想変位の原理により，

$$ml \sin\theta\, \omega^2 l\,\delta\theta \cos\theta - mg \sin\theta\, l\,\delta\theta = 0.$$

これから

$$\omega^2 = \frac{g}{l \cos\theta}$$

となる．

　この例でわかるように，D'Alembert の原理でつけ加える慣性抵抗は"加えられた力"の仲間に入れられる．このことは次に説明する一般の場合にもいえることである．

　一般に，質点系の i 番目の質点に働いている "加えられた力" を (X_i, Y_i, Z_i) とし，その加速度を $\ddot{x}_i, \ddot{y}_i, \ddot{z}_i$ とすれば，慣性抵抗は $-m_i\ddot{x}_i, -m_i\ddot{y}_i, -m_i\ddot{z}_i$ である．加えられた力の他に，これらの慣性抵抗も質点に働くと考えれば，質点系に働く力はつり合いにある力の系を形成していることになるから，仮想変位の原理によって，

$$\sum\{(X_i - m_i\ddot{x}_i)\delta x_i + (Y_i - m_i\ddot{y}_i)\delta y_i + (Z_i - m_i\ddot{z}_i)\delta z_i\} = 0$$

$$(16.1\text{-}4)$$

となる．$\delta x_i, \delta y_i, \delta z_i$ は各瞬間で，その体系の力学的構造をみるために，束縛条件にある範囲で任意に動かしてみるときの可能な微小変位（仮想変位）である．実際の時間的経過につれて質点系が動いていく変位 dx_i, dy_i, dz_i とは違う意味を持っていることは注意しなければならない．（16.1-4）を **Lagrange の変分方程式**（variational equation）または **D'Alembert の原理** とよぶ．

　加えられた力が保存力であるときは，$X_i = -\partial U/\partial x_i$，$Y_i = -\partial U/\partial y_i$，$Z_i = -\partial U/\partial z_i$ であるから，（16.1-4）は

$$\sum m_i(\ddot{x}_i\,\delta x_i + \ddot{y}_i\,\delta y_i + \ddot{z}_i\,\delta z_i) = -\delta U \qquad (16.1\text{-}5)$$

となる．

第16章　問　題

1　糸で質点（質量 $= m$）をつるし，糸の上端を持ってこれを加速度 a で水平に動かしたら，糸が鉛直と θ の角をつくって質点も水平に運動した．運動の第2法則の式を直接立てることにより，また D'Alembert の原理によって，θ と糸の張力とを求めよ．（この問題は加速度 a の電車の中で天井から糸でおもりをつるす問題と同じものである．）

　　また，D'Alembert の原理を使わないで第9章の相対運動（§9.2）で学んだ考え方にしたがったらどうであろうか．

2　長さ l の一様な棒の上端を固定し，棒が鉛直と θ の角を持つように円錐振り子の運動と同様な運動を行なわせる．回転の周期を求めよ．

3　D'Alembert の原理
$$\sum\{(X_i - m_i\ddot{x}_i)\delta x_i + (Y_i - m_i\ddot{y}_i)\delta y_i + (Z_i - m_i\ddot{z}_i)\delta z_i\} = 0$$
を使って次の各項を考えよ．

(a) 各質点に共通な仮想変位 $\delta x_i = a,\ \delta y_i = b,\ \delta z_i = c$ を与えて運動量に関する法則を導け.

(b) 仮想変位として全体系を x 軸のまわりに $\delta\theta$ だけ回すものを考えて,角運動量に対する法則を導け.

4 D'Alembert の原理
$$\sum\{(X_i - m_i\ddot{x}_i)\delta x_i + (Y_i - m_i\ddot{y}_i)\delta y_i + (Z_i - m_i\ddot{z}_i)\delta z_i\} = 0$$
で,仮想変位として,各質点が実際に dt の時間に行なう変位をとって,エネルギーの方程式を導け.

5 線密度 σ の糸を張力 S で張るとき糸を伝わる波の運動をきめる基礎の方程式を導け.(これは物理の波動のところで学ぶものであるが,D'Alembert の原理で考えてみよ.)

17 Hamilton の原理と最小作用の原理

§17.1 Hamilton の原理

　質点系が t_1 という時刻から t_2 という時刻の間に，P_1 という状態（17.1-1 図）から C という道筋を通って P_2 という状態に移ったと考えよう．その途中の任意の時刻での位置 P からの仮想変位 $\delta x_i, \delta y_i, \delta z_i$ を考えれば，D'Alembert の原理によって，

$$\sum_i \{(X_i - m_i\ddot{x}_i)\delta x_i + (Y_i - m_i\ddot{y}_i)\delta y_i + (Z_i - m_i\ddot{z}_i)\delta z_i\} = 0$$

$$(17.1\text{-}1)$$

である．P から $\delta x_i, \delta y_i, \delta z_i$ の変位を行なって移る位置を P′ とすれば，P′ は自然に時刻 t の関数となっているが，この P′ のたどる道筋を C′ と名づけよう．

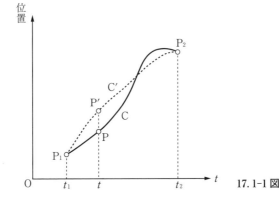

17.1-1 図

いま，質点系が実際に P_1CP_2 の道筋を通るときの運動エネルギーを時間で積分した

$$\int_{t_1}^{t_2} T\,dt$$

と，仮に $P_1C'P_2$ の道筋を通ると考えたとき（このときも時間 t の経過につれて C' の上を動いているのであるから，速度，したがって運動エネルギーが考えられる）の運動エネルギー T' を時間で積分した

$$\int_{t_1}^{t_2} T'\,dt$$

とを比べてみる．これからの議論では t_1 と t_2 に対する位置 P_1, P_2 からの仮想変位は 0 であるものとする．上の t についての積分の差をとれば，

$$\delta \int_{t_1}^{t_2} T\,dt = \int_{t_1}^{t_2} (T' - T)dt = \int_{t_1}^{t_2} \delta T\,dt \qquad (17.1\text{-}2)$$

となる．

C, C' をたどる場合の速度を比べよう．P での速度成分は $u_i = dx_i/dt$ であり，P' では $u_i' = dx_i'/dt$ であるから，

$$\delta u_i = u_i' - u_i = \frac{dx_i'}{dt} - \frac{dx_i}{dt} = \frac{d}{dt}(x_i' - x_i) = \frac{d}{dt}(\delta x_i)$$

となる．つまり，

$$\left.\begin{aligned}
\delta\left(\frac{dx_i}{dt}\right) &= \frac{d}{dt}(\delta x_i), \\
\delta\left(\frac{dy_i}{dt}\right) &= \frac{d}{dt}(\delta y_i), \\
\delta\left(\frac{dz_i}{dt}\right) &= \frac{d}{dt}(\delta z_i)
\end{aligned}\right\} \qquad (17.1\text{-}3)$$

である．これらは変分法（§15.1）のところで説明した（15.1-3）と同様の式である．

P, P' での運動エネルギーの差をつくれば，

$$\delta T = \delta \sum_i \frac{m_i}{2}(u_i^2 + v_i^2 + w_i^2) = \sum_i m_i(u_i \delta u_i + v_i \delta v_i + w_i \delta w_i)$$

$$= \sum_i m_i \left\{ u_i \frac{d}{dt}(\delta x_i) + v_i \frac{d}{dt}(\delta y_i) + w_i \frac{d}{dt}(\delta z_i) \right\}.$$

したがって,

$$\delta \int_{t_1}^{t_2} T\,dt = \int_{t_1}^{t_2} \sum_i m_i \left\{ u_i \frac{d}{dt}(\delta x_i) + v_i \frac{d}{dt}(\delta y_i) + w_i \frac{d}{dt}(\delta z_i) \right\} dt$$

$$= \left| \sum_i m_i (u_i \delta x_i + v_i \delta y_i + w_i \delta z_i) \right|_{t_1}^{t_2}$$

$$- \int_{t_1}^{t_2} \sum_i m_i (\dot{u}_i \delta x_i + \dot{v}_i \delta y_i + \dot{w}_i \delta z_i)\,dt.$$

いまの場合, t_1, t_2 での仮想変位は 0 であるから, 右辺の第 1 項は消えて,

$$\delta \int_{t_1}^{t_2} T\,dt = - \int_{t_1}^{t_2} \sum_i m_i (\ddot{x}_i \delta x_i + \ddot{y}_i \delta y_i + \ddot{z}_i \delta z_i)\,dt$$

となる. これと D'Alembert の原理 (16.1-4) を比べれば,

$$\delta \int_{t_1}^{t_2} T\,dt = - \int_{t_1}^{t_2} \sum_i (X_i \delta x_i + Y_i \delta y_i + Z_i \delta z_i)\,dt$$

$$= - \int_{t_1}^{t_2} \delta' W\,dt.$$

したがって

$$\int_{t_1}^{t_2} (\delta T + \delta' W)\,dt = 0 \tag{17.1-4}$$

という関係式が導かれる. 質点に働く力がポテンシャル U から引き出されるときには $\delta' W = -\delta U$ となるから, 上の式は

$$\int_{t_1}^{t_2} (\delta T - \delta U)\,dt = 0.$$

または

$$\delta \int_{t_1}^{t_2} L\,dt = 0, \quad L = T - U \tag{17.1-5}$$

となる. $L = T - U$ は **Lagrange の関数** (**Lagrangian**) または **運動ポテンシャル** (kinetic potential) とよばれるものである. (17.1-5) をことばでいうと次のようになる.

質点系が t_1 という時刻にとる位置から t_2 という時刻にとる位置に移るのに, その途中で束縛条件に合うような移し方がいろいろとあるうち, 運動ポテンシャル (＝ 運動エネルギー － 位置エネルギー) を同じ時間内で積

分したものが最小（または最大)[1] になるような運動の仕方が実際に起こる運動である．

　ここでは，比較するためにとるいろいろな運動で，$t_2 - t_1$ は共通であり，また t_1, t_2 での位置は変えないで途中だけ変えるものとする．(17.1-4) または (17.1-5) を **Hamilton の原理**（Hamilton's principle）とよぶ．(17.1-5) の方がよく使われる．

　簡単な例として落体の運動の場合を考えよう．Lagrangian は

$$L = \frac{m}{2}\dot{y}^2 - mgy.$$

Hamilton の原理は

$$\delta \int L\,dt = 0.$$

この意味を述べれば次のようになる．17.1-2 図のように，t_1 という時刻に P_1 から出発して，t_2 という時刻に P_2 に到達するようないろいろな運動の仕方を実際の運動法則とは無関係に考える．どの道筋（t, y との関係）についても P_1, P_2 は共通であり，また時間の間隔 $t_2 - t_1$ も変えない．そのときそれらの運動方法について $\int_{t_1}^{t_2} L\,dt$ をつくったとき，この積分の値が停留値をとるような運動方法が自然界に現われる運動，すなわち運動法則を満足する運動である．[2]

　さて，上の Hamilton の原理の式は §15.1 で学んだ変分法の問題にほかならないから，Euler の微分方程式をつくれば，

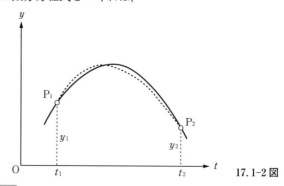

17.1-2 図

---

1)　とにかく停留値をとればよい．

$$\frac{d}{dt}\left(\frac{\partial L}{\partial \dot{y}}\right) = \frac{\partial L}{\partial y}.$$

したがって

$$\frac{d}{dt}(m\dot{y}) = -mg,$$

すなわち

$$m\ddot{y} = -mg$$

となる．これは通常の運動方程式にほかならない．

　この例でもわかるように，Hamilton の原理は運動の第 2 法則の代りになるものである．簡単な体系では通常の運動方程式の方が簡単であるが，複雑な体系では運動方程式の方は非常に込み入ってくるのに対して，Hamilton の原理によると (17.1-4) または (17.1-5) の式 1 個ですむし，また体系の位置を表わすのにデカルト座標 x, y, z を使わなくても，もっと一般な座標（角など）を使うこともできる．

▍**例題 1**　単振り子の運動を Hamilton の原理で調べよ（17.1-3 図）．

解　運動エネルギーは $T = \dfrac{1}{2}ml^2\dot{\varphi}^2$．最下点を位置エネルギーの基準にとれば，位置エネルギーは $U = mgy = mgl(1 - \cos\varphi)$．

　　Lagrangian：$L = T - U = \dfrac{1}{2}ml^2\dot{\varphi}^2 - mgl(1 - \cos\varphi)$.

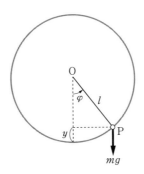

mg　　　**17.1-3 図**

---

2)　次の節で最小作用の原理を学ぶが，Hamilton の原理も最小作用の原理の 1 つの形として扱われることもある（たとえば，H. Poincaré: *Science and Hypothesis*（Dover, 1952）123 ページ）.

$$\text{Hamilton の原理}: \delta \int_{t_1}^{t_2} L\, dt = 0.$$

$$\text{Euler の方程式}: \frac{d}{dt}\left(\frac{\partial L}{\partial \dot{\varphi}}\right) = \frac{\partial L}{\partial \varphi}.$$

$$\therefore \frac{d}{dt}(ml^2\dot{\varphi}) = -mgl\sin\varphi. \qquad \therefore \ddot{\varphi} = -\frac{g}{l}\sin\varphi. \qquad \blacklozenge$$

例題 2　放物運動を Hamilton の原理で調べよ．（本文の落体の運動と同様である．）

例題 3　単振動を Hamilton の原理で調べよ．$\left(L = \dfrac{1}{2}m\dot{x}^2 - \dfrac{1}{2}cx^2\ \text{を使う．}\right)$

§17.2　最小作用の原理

　Hamilton の原理を力がポテンシャルから引き出される場合と一般にそうでない場合について説明したが，この節で説明する**最小作用の原理**（principle of least action）は Hamilton の原理ほどは重要でないので，もっともわかりやすいところの保存力の場合だけについて説明しよう．これは Maupertuis（モーペルチューイ）[1] によるものである（1744）．

　1 つの体系が P_1 という位置から P_2 という位置に移る間に保存力の作用を受けていれば，実際に力学の法則にしたがう道筋にそっては力学的エネルギーが一定値 E に保たれる．このとき体系のおのおのの位置から束縛条件に適合する範囲での可能な仮想変位を考え，それらの仮想変位によって得られる位置の時間的経過を考えたときの運動エネルギーと，それらの各位置の位置エネルギーの和も E に等しいものとする．そのうえ，P_1 と P_2 での体系の位置の仮想変位は 0 ととるものとする．

　たとえば，1 つの質点が重力の作用の下に P_1 から P_2 まで行くような運動を考え，自然に起こる運動 P_1CP_2 の他に，これと全力学的エネルギーが等しいような他の道筋を考える．すなわち，

---

1)　Pierre-Louis Moreau de Maupertuis（1698 ～ 1759）．フランスの天文学者，数学者．

$$\frac{1}{2}mv^2 + mgy = E$$

とすれば，変化させた運動でも，質点が y の高さにきたところでは，速さが $\sqrt{2(E - mgy)/m}$ に等しいように動かすのである．もっと具体的にそのような運動を行なわせる装置をつくるのには，たとえば P_1, P_2 を任意の滑らかな管 C' で結んでこの管の中を P_1 から自然の運動（管のないときの）の場合と等しいはじめの速さで滑らせてやって，C と C' との運動を比較すればよい（17.2-1 図）．

　出発点 P_1 で両方の道筋について等しい時刻 t_1 をとっても，P_2 に達したときには，Hamilton の原理の場合とちがって，一般にちがう時刻となっているからこれを t_2, t_2' として，

$$\int_{t_1}^{t_2} T\,dt, \qquad \int_{t_1}^{t_2'} T'\,dt$$

の2つの積分の値を比べる．

　実際に運動法則にしたがう道筋 C 上の各点と，仮想的に変えた道筋 C' 上の各点とを対応させるのであるが，両端の P_1 と P_2 とはそれぞれ両方の道筋で対応させることはいうまでもないが，所要時間がちがうのであるから，両道筋の P_1 同士，P_2 同士を対応させることは同じ時刻に占める C, C' 上の点を対応させることにはなっていない．途中の点についても同様である．そこで，C 上の各点に対して，これにきわめて近い C' 上の各点を選んで対応させる．C 上の点を P，これに対応する C' 上の点を P' とし，i 番目の質点についてその座標の差

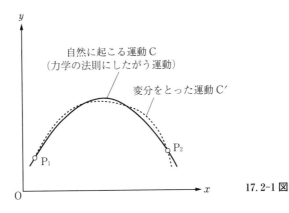

17.2-1 図

を $\delta x_i, \delta y_i, \delta z_i$ とする.

　これで道筋の各点の対応はきまったが，C′ 上を動く速さは次のようでなければならない. すなわち，全エネルギーを E（C でも C′ でも）とし，P′ での位置エネルギーを $U(\mathrm{P}')$ とすれば P′ での運動エネルギーが $E - U(\mathrm{P}')$ に等しくなるように P′ での動き方を加減するのである. そのようにすれば，C′ の上の運動も C の上の運動と等しい全エネルギーで行なわせたことになる. これで C′ をたどる運動がきまるわけであるから，各点を通る時刻も自然にきまる. C 上の運動（力学の法則にしたがう運動）で P を通過するときの時刻を t とし，C′ 上の運動で P に対応する P′ を通過するときの時刻を $t' = t + \delta t$ としよう. t' は P と P′ の対応を仲立ちとして t の関数と考えてよいことになる. P_1 に対する時刻 t_1 の変分は 0 としても一般性は失わない.

　$\mathrm{P}(t)$ での速度成分と $\mathrm{P}'(t')$ での速度成分を比べる. C 上で dt の間に dx_i, これに対応して C′ 上で dt' の間に dx_i' だけ座標が変わるのであるから，

$$\delta \dot{x}_i = \delta \frac{dx_i}{dt} = \frac{dx_i'}{dt'} - \frac{dx_i}{dt} = \frac{d(x_i + \delta x_i)}{dt} \frac{dt}{dt'} - \frac{dx_i}{dt}$$

$$= \frac{dx_i}{dt}\left(\frac{dt}{dt'} - 1\right) + \frac{d(\delta x_i)}{dt'}.$$

$t' = t + \delta t$ であるから，$dt' = dt + d(\delta t)$.

$$\therefore \quad \frac{dt}{dt'} = \frac{dt}{dt + d(\delta t)} = 1 - \frac{d(\delta t)}{dt}.$$

したがって

$$\delta \dot{x}_i = -\dot{x}_i \frac{d(\delta t)}{dt} + \frac{d}{dt}(\delta x_i). \tag{17.2-1}$$

次に，

$$\delta \int_{t_1}^{t_2} T\, dt = \int_{t_1}^{t_2'} T'\, dt' - \int_{t_1}^{t_2} T\, dt$$

であるが，この第 1 の t' についての積分の変数を t に書き直す.

$$dt' = \frac{dt'}{dt}\, dt = \left\{1 + \frac{d(\delta t)}{dt}\right\} dt.$$

また，$T' = T + \delta T$ であるから，

$$\delta \int_{t_1}^{t_2} T\, dt = \int_{t_1}^{t_2}\left[(T + \delta T)\left\{1 + \frac{d(\delta t)}{dt}\right\} - T\right] dt$$

$$= \int_{t_1}^{t_2} T\, d(\delta t) + \int_{t_1}^{t_2} \delta T\, dt. \tag{17.2-2}$$

また，$\delta T = \sum_i m_i(\dot{x}_i \delta \dot{x}_i + \dot{y}_i \delta \dot{y}_i + \dot{z}_i \delta \dot{z}_i)$ であるが，（17.2-1）を入れて

$$\delta T = -\sum m_i(\dot{x}_i{}^2 + \dot{y}_i{}^2 + \dot{z}_i{}^2)\frac{d(\delta t)}{dt}$$

$$+ \sum m_i \left\{ \dot{x}_i \frac{d}{dt}(\delta x_i) + \dot{y}_i \frac{d}{dt}(\delta y_i) + \dot{z}_i \frac{d}{dt}(\delta z_i) \right\}.$$

したがって，

$$\int_{t_1}^{t_2} \delta T\, dt = -\int_{t_1}^{t_2} 2T\, d(\delta t) + \left[\sum m_i(\dot{x}_i \delta x_i + \dot{y}_i \delta y_i + \dot{z}_i \delta z_i) \right]_{t_1}^{t_2}$$

$$-\int_{t_1}^{t_2} \sum m_i(\ddot{x}_i \delta x_i + \ddot{y}_i \delta y_i + \ddot{z}_i \delta z_i)dt.$$

右辺の第 2 項は $\delta x_i, \delta y_i, \delta z_i$ が t_1 と t_2 とで 0 であることによって消える．第 3 項は D'Alembert の原理，すなわち Lagrange の変分方程式（17.1-1）によって，"加えられた力" を使って書き表わすことができる．

$$\int_{t_1}^{t_2} \delta T\, dt = -\int_{t_1}^{t_2} 2T\, d(\delta t) - \int_{t_1}^{t_2} \sum(X_i \delta x_i + Y_i \delta y_i + Z_i \delta z_i)dt. \tag{17.2-3}$$

力が保存力であるという仮定によって，位置エネルギーを U とすれば

$$\sum_i (X_i \delta x_i + Y_i \delta y_i + Z_i \delta z_i) = -\delta U.$$

ところで，$T + U = $ 一定 であるから

$$-\delta U = \delta T. \tag{17.2-4}$$

したがって，（17.2-3）は

$$\int_{t_1}^{t_2} \delta T\, dt = -\int_{t_1}^{t_2} 2T\, d(\delta t) - \int_{t_1}^{t_2} \delta T\, dt$$

となり，

$$\int_{t_1}^{t_2} 2\{\delta T\, dt + T\, d(\delta t)\} = 0$$

となるから，（17.2-2）に代入して

$$\delta \int_{t_1}^{t_2} 2T\, dt = 0 \tag{17.2-5}$$

という式が得られる．これをことばでいえば，

> 質点系が保存力の作用を受けている場合，最初の位置から最後の位置に移
> る道筋で束縛条件にかなうもののうち，力学的エネルギーが等しいいろい
> ろな道筋を考えるとき，自然に起こる運動，すなわち，運動の法則を満足
> する運動は
>
> $$\int_{t_1}^{t_2} 2T\,dt$$
>
> に停留値をとらせるようなものである．[1]

$\int_{t_1}^{t_2} 2T\,dt$ を**作用積分**（action integral）（または単に**作用**（action））とよび，上
の法則を**最小作用の原理**（または法則）とよぶ．Maupertuis によって見出され
たものである．

力学的エネルギーは一定値 E の運動だけが比較されるのであるから

$$\sum_i \frac{1}{2} m_i \left\{ \left(\frac{dx_i}{dt}\right)^2 + \left(\frac{dy_i}{dt}\right)^2 + \left(\frac{dz_i}{dt}\right)^2 \right\} = E - U.$$

それゆえ，

$$dt = \sqrt{\frac{\sum m_i \{(dx_i)^2 + (dy_i)^2 + (dz_i)^2\}}{2(E - U)}} \tag{17.2-6}$$

である．これを (17.2-5) の dt に入れれば，最小作用の原理は

$$\delta \int \sqrt{2(E - U)} \sqrt{\sum m_i \{(dx_i)^2 + (dy_i)^2 + (dz_i)^2\}} = 0 \tag{17.2-7}$$

となって時間 t についての量が入っていない式となる．この式から導かれるの
は質点の座標間の関係であるから空間的な道筋（軌道）をきめることができる．
この道筋がきまれば，(17.2-6) を使って時間との関係を求めることもできるの
である．

1 個の質点の場合には，(17.2-7) は

---

1)　通常，停留値の代りに最小値ということばが使われている．Maupertuis は自然がこの
　　ような最小法則にしたがうことを Rule of Economy とよんだ．

$$\left.\begin{aligned}\delta \int \sqrt{2\{E - U(x,y,z)\}}\, ds = 0, \\ ds = \sqrt{(dx)^2 + (dy)^2 + (dz)^2}\end{aligned}\right\} \qquad (17.2\text{-}8)$$

と書くことができる. 幾何光学には光の反射・屈折の法則を

$$\delta \int n(x,y,z)\, ds = 0, \qquad n:屈折率, \qquad s:光の進む距離$$

$$(17.2\text{-}9)$$

の形, または1つの点から他の点に行くのに時間が最小(一般には停留値)に
なるという形で表わす Fermat(フェルマー)の法則がある.(17.2-8),(17.2-
9)を比較してみると,1つの質点の運動の道筋は屈折率 n が位置の関数
$n(x,y,z) = \sqrt{2\{E - U(x,y,z)\}}$ によって与えられるときの光線の進む道に一
致していることがわかる.

このような

古典力学 ⟺ 幾何光学

の対応は, Maupertuis によって 1744 年, 最小作用の原理そのものが光の粒子
説と Fermat の原理に類似のものとして発表されたときから, 物理学に導入さ
れたのである. 幾何光学は波動光学の極限として成り立つものであるが, この
幾何光学と古典力学の対応に平行して, 波動光学に対応するものが物質波の物
理学である. この物質波は de Broglie(ドゥ・ブロイ)によって考えられたもの
で, 量子化という手続きを経て量子力学の Schrödinger の方程式になる.[2]

§17.3 測 地 線

1つの質点が滑らかな静止している曲線上を, 他からは力を受けないで運動
する場合を考えよう. その曲面上に2個の点 P_1, P_2 をとって, これを結ぶいろ
いろな曲線をこの曲面上に考え, 等しいエネルギー, すなわちこの場合には等
しい速さで P_1 から P_2 に着くまで

$$\delta \int_{t_1}^{t_2} 2T\, dt = 0$$

---

2) 朝永振一郎:「量子力学Ⅱ」(みすず書房, 1970)第6章. 湯川秀樹他:「量子力学Ⅰ」(岩
波書店, 1972)§2.4.

であるような軌道が実際に起こる道筋（力学の法則にしたがう道筋. δ をとって得られる道筋は束縛条件には合うが力学の法則には合わない）となるのである. ところが明らかに $T = $ 一定 なのであるから

$$\delta(t_2 - t_1) = 0$$

である. すなわち, きまった速さで P_1 から P_2 に行くいろいろな道筋を考えるとき, それに必要な時間が停留値をとるような（多くの場合, 極小値をとる）道筋が実際に起こるのである. どの道をとっても速さの等しい運動を比べるのであるから, 道筋の長さが停滞するような軌道が実際にとられる. このような道筋のことを**測地線**（geodesics）とよぶ. つまり, 他から力を受けないで滑らかな静止した曲面上を運動する質点は, その曲面の測地線にそって動くのである. たとえば, 球面上の運動では大円にそっての運動となる. そのとき最短距離をいく場合と, 反対側を遠回りしていく場合の 2 通りの運動の仕方があるが, 後者の場合, 両点を結ぶ最短距離よりはもちろん長いが, 大円にそって勝手にぎざぎざをつけて得られる道筋よりは短いから, 極大でも極小でもなく, ただ停留値をとるだけである.

§15.1 の例題 2 で考えた, 円柱上の 2 点を結ぶ最小距離の曲線（面を展開したとき直線になる）はこの面上の測地線である.

―――――――――――――――― **第 17 章　問 題** ――――――――――――――――

1　質点の一平面内の運動の方程式を極座標で表わした

$$m\left\{\frac{d^2r}{dt^2} - r\left(\frac{d\varphi}{dt}\right)^2\right\} = F_r, \qquad m\frac{1}{r}\frac{d}{dt}\left(r^2\frac{d\varphi}{dt}\right) = F_\varphi$$

を Hamilton の原理によって導いてみよ.

2　第 16 章の問題 5 を Hamilton の原理で扱ってみよ.

18 Lagrange の 運動方程式

§18.1 一般化された座標と Lagrange の運動方程式

この節では一般化された座標というものを使って運動方程式を書き直すのであるが，いままで学んできたことを表のようにして復習しておこう．

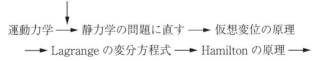

D'Alembert の原理

運動力学 ──→ 静力学の問題に直す ──→ 仮想変位の原理

──→ Lagrange の変分方程式 ──→ Hamilton の原理 ──→

まず運動力学の問題を D'Alembert の原理によって静力学の問題に直した．これに静力学の方法であるところの仮想変位の原理を適用して Lagrange の変分方程式を導いた．この Lagrange の変分方程式を変分法の表現に直したものが Hamilton の原理である．変分方程式までは直交座標を使ってきたが，それから導かれる Hamilton の原理では変分 δ をとって T, U の変分をみるのには直交座標を使う必要がない．束縛条件に適合する仮想変位を考えるのであるから，体系の位置を指定できる変数であれば何を使ってもよいのである．このようにして，一般的な座標を使う場合の運動方程式が得られる．

まず**一般化された座標**（generalized coordinates）の説明をしよう．

1つの質点の位置を表わすのに直交座標 x, y, z を使ってもよいが，極座標 r, θ, φ や円柱座標 ρ, φ, z を使ってもよい．また，質点系の位置は，そのおのおのの質点の直交座標 (x_i, y_i, z_i) を使えば表わされるが，実際はそれが便利であ

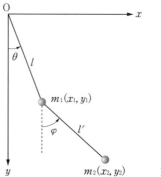

18.1-1 図

るとはかぎらない．ことに，質点系がある束縛条件を満足しながら運動すると
き，直交座標を使うよりも他の変数を使う方が便利である．後に扱う問題であ
るが，**二重振り子**（double pendulum）の場合を考えよう．

18.1-1 図に示すように，固定点 O に長さ l の糸を結び，その下端に質量 m_1
のおもりをつるす．これからもう1つの長さ l' の糸で質量 m_2 のおもりをつる
す．この全体系を1つの鉛直面内で運動させる．この質点系の位置を m_1 の座
標 (x_1, y_1) と，m_2 の座標 (x_2, y_2) とで与えることができるが，これらの座標間に
は

$$x_1{}^2 + y_1{}^2 = l^2, \quad (x_2 - x_1)^2 + (y_2 - y_1)^2 = l'^2$$

の関係がある．このように4個の変数の間に2個の関係式があるのであるから，
独立な変数は2個しかないことになる．それで，このような体系では直交座標
よりも，もっと便利な変数を2個選んだ方が便利で，それには図をみてすぐ気
がつくように上の糸の傾き θ と下の糸の傾き φ をとればよい．

1点を固定された剛体の位置を与えるのには，その各点の座標を与えればよ
いことはもちろんであるが，Euler の角 θ, φ, ψ を使うのが便利であることは
§13.5 で示した．

このように，質点または質点系の位置をきめるのに，直交座標にかぎらず一
般に適当な変数を使うときこれを**一般化された座標**，または簡単に**一般座標**と
か**広義座標**とかよぶ．質点系の位置をわずかに変えればこれらの一般化された
座標も変化するのであるが，考えている座標が全部互いに独立に変わることも
あるし，ある条件式を満たすことを要求されながら変わることもある．とにか

く，独立に変わることのできる変数の数をその体系の**自由度**という．これから一般化された座標の数が f 個で，それらが互いに自由に変わることができる場合を考えよう．これら一般化された座標を $q_1, q_2, \cdots, q_f$ と書くことにしよう．直交座標も一般化された座標の特別な場合である．

質点系の質点の数を n とし，その直交座標を $(x_1, y_1, z_1), (x_2, y_2, z_2), \cdots, (x_n, y_n, z_n)$ としよう．q_1 から q_f までを与えるとその体系の位置がきまるのであるから，

$$\left. \begin{array}{lll} x_1 = x_1(q_1, q_2, \cdots, q_f, t), & y_1 = y_1(q_1, q_2, \cdots, q_f, t), & z_1 = z_1(q_1, q_2, \cdots, q_f, t) \\ \cdots\cdots & \cdots\cdots & \cdots\cdots \\ x_n = x_n(q_1, q_2, \cdots, q_f, t), & y_n = y_n(q_1, q_2, \cdots, q_f, t), & z_n = z_n(q_1, q_2, \cdots, q_f, t) \end{array} \right\}$$

$$(18.1\text{-}1)$$

のように書くことができる．これらの式で t を含ませたのは，束縛条件が時間を含んでいる場合もこれからの理論に含ませておくためで，またこのようにしても議論を複雑にすることはない（仮想変位 δ をとるのには t は動かさないのであるから）．質点が回転する直線に束縛されているときなどがその例である．

各質点に働く力を $\boldsymbol{F}_1, \boldsymbol{F}_2, \cdots, \boldsymbol{F}_n$ とする．この体系の仮想変位を考え，各質点の変位を $(\delta x_1, \delta y_1, \delta z_1), \cdots, (\delta x_n, \delta y_n, \delta z_n)$ とすれば，仮想仕事は

$$\delta'W = \sum_{i=1}^{n}(X_i \delta x_i + Y_i \delta y_i + Z_i \delta z_i) \qquad (18.1\text{-}2)$$

となる．仮想変位は各瞬間での束縛条件を満足する範囲で考えるのであるから，(18.1-1) で t を一定にして $q_1, \cdots, q_f$ の δ をとるときの $x_1, \cdots, z_n$ の δ を考えるのである．

$$\delta x_1 = \frac{\partial x_1}{\partial q_1}\delta q_1 + \frac{\partial x_1}{\partial q_2}\delta q_2 + \cdots + \frac{\partial x_1}{\partial q_f}\delta q_f, \quad \text{以下同様}$$

$$(18.1\text{-}3)$$

であるから，これを (18.1-2) に入れて

$$\delta'W = Q_1 \delta q_1 + Q_2 \delta q_2 + \cdots + Q_f \delta q_f \qquad (18.1\text{-}4)$$

の形の式が得られる．Q_r を q_r に対する**一般化された力** (generalized force)，**広義の力**とよぶ．力がポテンシャルを持つときには

$$\delta'W = -\delta U$$

で，U は $q_1, \cdots, q_f$ の関数であるから

$$\delta' W = -\left(\frac{\partial U}{\partial q_1}\delta q_1 + \frac{\partial U}{\partial q_2}\delta q_2 + \cdots + \frac{\partial U}{\partial q_f}\delta q_f\right). \qquad (18.1\text{-}5)$$

(18.1-4)，(18.1-5) 両式を比べて

$$Q_r = -\frac{\partial U}{\partial q_r} \qquad (r = 1, 2, \cdots, f) \qquad (18.1\text{-}6)$$

となる．これは直交座標を使ったときの $X = -\partial U/\partial x$ と同じ形をしていることが注意される．

　さて，Hamilton の原理

$$\int_{t_1}^{t_2}(\delta T + \delta' W)dt = 0, \qquad (18.1\text{-}7)$$

または，ポテンシャルのあるときの

$$\delta\int_{t_1}^{t_2}L\,dt = 0, \qquad L = T - U \qquad (18.1\text{-}8)$$

をみよう．

　これらの式を証明するときには直交座標を使ったが，この節のはじめのところで述べたように，δ をとるのに直交座標で考えても一般化された座標を使っても同じことである．それで後者を使って書いてみよう．(18.1-1) から速度成分を求めれば，これは仮想変位とはちがい，時間の経過に対する座標の変化を考えるのであるから，t による微分も考えなければならない．

$$\left.\begin{aligned}
\dot{x}_1 &= \sum_r \frac{\partial x_1}{\partial q_r}\dot{q}_r + \frac{\partial x_1}{\partial t}, \\
\dot{y}_1 &= \sum_r \frac{\partial y_1}{\partial q_r}\dot{q}_r + \frac{\partial y_1}{\partial t}, \\
\dot{z}_1 &= \sum_r \frac{\partial z_1}{\partial q_r}\dot{q}_r + \frac{\partial z_1}{\partial t}
\end{aligned}\right\} \qquad (18.1\text{-}9)$$

などとなるから，運動エネルギー $T = \sum(1/2)m_i(\dot{x}_i{}^2 + \dot{y}_i{}^2 + \dot{z}_i{}^2)$ は $\dot{q}_1, \dot{q}_2, \cdots, \dot{q}_f$ の 2 次式となる．

$$\delta T = \sum_r\left(\frac{\partial T}{\partial \dot{q}_r}\delta \dot{q}_r + \frac{\partial T}{\partial q_r}\delta q_r\right)$$

となるが，§17.1 で示したと同様に

$$\delta\left(\frac{dq_r}{dt}\right) = \frac{d}{dt}(\delta q_r) \qquad (18.1\text{-}10)$$

であるから,

$$\delta T = \sum_r \left\{ \frac{\partial T}{\partial \dot{q}_r} \frac{d}{dt}(\delta q_r) + \frac{\partial T}{\partial q_r} \delta q_r \right\}.$$

したがって

$$\int_{t_1}^{t_2} \delta T \, dt = \int_{t_1}^{t_2} \sum_r \left\{ \frac{\partial T}{\partial \dot{q}_r} \frac{d}{dt}(\delta q_r) + \frac{\partial T}{\partial q_r} \delta q_r \right\} dt$$

$$= \left[\sum_r \frac{\partial T}{\partial \dot{q}_r} \delta q_r \right]_{t_1}^{t_2} - \int_{t_1}^{t_2} \left\{ \sum_r \frac{d}{dt}\left(\frac{\partial T}{\partial \dot{q}_r} \right) \delta q_r \right\} dt + \int_{t_1}^{t_2} \sum_r \frac{\partial T}{\partial q_r} \delta q_r \, dt.$$

$t = t_1, t_2$ で $\delta q_r = 0$ にとるのであるから,

$$\int_{t_1}^{t_2} \delta T \, dt = -\int_{t_1}^{t_2} \left[\sum_r \left\{ \frac{d}{dt}\left(\frac{\partial T}{\partial \dot{q}_r} \right) - \frac{\partial T}{\partial q_r} \right\} \delta q_r \right] dt$$

となる. この式と (18.1-4) とを (18.1-7) に入れれば

$$\int_{t_1}^{t_2} \left[\sum_r \left\{ \frac{d}{dt}\left(\frac{\partial T}{\partial \dot{q}_r} \right) - \frac{\partial T}{\partial q_r} - Q_r \right\} \delta q_r \right] dt = 0.$$

δq_r は任意にとることができるから

$$\frac{d}{dt}\left(\frac{\partial T}{\partial \dot{q}_r} \right) - \frac{\partial T}{\partial q_r} = Q_r \qquad (r = 1, \cdots, f) \qquad (18.1\text{-}11)$$

となる.

力がポテンシャルから導かれる場合には, (18.1-6) によって

$$\frac{d}{dt}\left(\frac{\partial T}{\partial \dot{q}_r} \right) - \frac{\partial T}{\partial q_r} = -\frac{\partial U}{\partial q_r} \qquad (r = 1, \cdots, f) \qquad (18.1\text{-}12)$$

となる. 特に, U が $\dot{q}_1, \cdots, \dot{q}_f$ を含まないときには, この式は

$$\frac{d}{dt}\left\{ \frac{\partial(T - U)}{\partial \dot{q}_r} \right\} - \frac{\partial(T - U)}{\partial q_r} = 0$$

と書くことができるから, Hamilton の原理のところで行なったように, Lagrangian

$$L = T - U \qquad (18.1\text{-}13)$$

を使えば

$$\frac{d}{dt}\left(\frac{\partial L}{\partial \dot{q}_r} \right) = \frac{\partial L}{\partial q_r} \qquad (r = 1, \cdots, f) \qquad (18.1\text{-}14)$$

となる. これは (18.1-8) の変分の問題に対する Euler の微分方程式として直

接導き出すこともできる。(18.1-11)，(18.1-12)，または (18.1-14) を **Lagrange の運動方程式**とよぶ.

例題1　放物運動で広義座標として水平方向に x, y，鉛直方向に z をとって運動方程式をつくれ.

解
$$T = \frac{m}{2}(\dot{x}^2 + \dot{y}^2 + \dot{z}^2), \quad U = mgz.$$
したがって
$$L = \frac{m}{2}(\dot{x}^2 + \dot{y}^2 + \dot{z}^2) - mgz.$$
それゆえ
$$\frac{d}{dt}\left(\frac{\partial L}{\partial \dot{x}}\right) = \frac{\partial L}{\partial x} \quad \text{から} \quad m\ddot{x} = 0,$$
$$\frac{d}{dt}\left(\frac{\partial L}{\partial \dot{y}}\right) = \frac{\partial L}{\partial y} \quad \text{から} \quad m\ddot{y} = 0,$$
$$\frac{d}{dt}\left(\frac{\partial L}{\partial \dot{z}}\right) = \frac{\partial L}{\partial z} \quad \text{から} \quad m\ddot{z} = -mg. \qquad \blacklozenge$$

例題2　単振り子の運動で広義座標として糸が鉛直とつくる角 φ をとって運動方程式をつくれ (18.1-2 図).

解　運動エネルギーを求めるのに，速度の2乗を $x = l\sin\varphi$, $y = l\cos\varphi$ から
$$V^2 = \dot{x}^2 + \dot{y}^2 = \{(l\cos\varphi)^2 + (l\sin\varphi)^2\}\dot{\varphi}^2 = l^2\dot{\varphi}^2$$
として求めてもよいが，次のようにすれば直交座標までさかのぼらなくてもよい.[1] dt 時間に φ が $d\varphi$ だけ変わるとすれば，変位は $l\,d\varphi$ であるから速さは

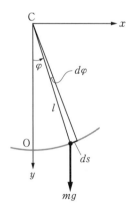

18.1-2 図

$l(d\varphi/dt) = l\dot\varphi$ となる．したがって

$$V^2 = l^2\dot\varphi^2.$$

どちらにしても運動エネルギーは $T = (1/2)ml^2\dot\varphi^2$. 位置エネルギーは最下点を基準にして

$$U = mgl(1 - \cos\varphi).$$

$$\therefore\ L = \frac{1}{2}ml^2\dot\varphi^2 - mgl(1 - \cos\varphi).$$

それゆえ，Lagrange の運動方程式 $\dfrac{d}{dt}\left(\dfrac{\partial L}{\partial\dot\varphi}\right) = \dfrac{\partial L}{\partial\varphi}$ は

$$ml^2\frac{d\dot\varphi}{dt} = -mgl\sin\varphi,$$

すなわち

$$\ddot\varphi = -\frac{g}{l}\sin\varphi$$

となり，(8.1-4) に一致する．◆

例題3 惑星の運動で，平面内の極座標を広義座標として運動方程式をつくれ．

解 18.1-3 図から

$$(ds)^2 = (dr)^2 + (r\,d\varphi)^2$$

であるから

$$T = \frac{1}{2}m\left(\frac{ds}{dt}\right)^2 = \frac{1}{2}m(\dot r^2 + r^2\dot\varphi^2).$$

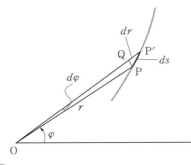

18.1-3 図

---

1) Lagrange の運動方程式を求めるのにはこの例題のように x, y までさかのぼらない方が多い．

また

$$U = -G \frac{Mm}{r}.$$

したがって Lagrange の運動方程式は

$$\frac{d}{dt}(m\dot{r}) = mr\dot{\varphi}^2 - G\frac{Mm}{r^2}, \qquad \frac{d}{dt}(mr^2\dot{\varphi}) = 0.$$

これらから

$$\ddot{r} = r\dot{\varphi}^2 - \frac{GM}{r^2}, \qquad \frac{d}{dt}(r^2\dot{\varphi}) = 0. \qquad ◆$$

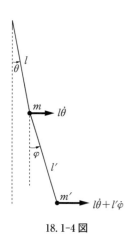

18.1-4 図

例題 4 二重振り子 18.1-4 図に示した二重振り子の鉛直面内の小さな振動につき運動方程式を立てよ.

解 上の糸の鉛直とつくる角を θ, 下の糸の角を φ とする. m の速度は水平に $l\dot{\theta}$, m' の速度は水平に $l\dot{\theta} + l'\dot{\varphi}$ としてよい. 鉛直方向の速度成分は θ, φ の 2 次の微小量を省略すれば 0 と考えてよい. したがって, 運動エネルギーは $\dot{\theta}, \dot{\varphi}$ の 2 次の項までとって

$$T = \frac{1}{2}ml^2\dot{\theta}^2 + \frac{1}{2}m'(l\dot{\theta} + l'\dot{\varphi})^2.$$

位置エネルギーは鉛直にたれているときを標準にとって,

$$U = mgl(1 - \cos\theta) + m'g\{l(1 - \cos\theta) + l'(1 - \cos\varphi)\}$$

であるが, θ, φ の 2 次の微小量までとって,

$$U = \frac{1}{2}(m + m')gl\theta^2 + \frac{1}{2}m'gl'\varphi^2.$$

したがって

$$L = \frac{1}{2}ml^2\dot{\theta}^2 + \frac{1}{2}m'(l\dot{\theta} + l'\dot{\varphi})^2 - \frac{1}{2}(m + m')gl\theta^2 - \frac{1}{2}m'gl'\varphi^2.$$

これから Lagrange の運動方程式

$$\frac{d}{dt}\left(\frac{\partial L}{\partial \dot{\theta}}\right) = \frac{\partial L}{\partial \theta}, \qquad \frac{d}{dt}\left(\frac{\partial L}{\partial \dot{\varphi}}\right) = \frac{\partial L}{\partial \varphi}$$

をつくれば,

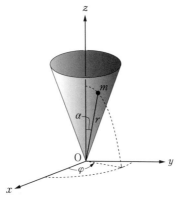

18. 1-5 図

$$(m + m')l\ddot{\theta} + m'l'\ddot{\varphi} = -(m + m')g\theta, \quad \left.\begin{array}{l} \\ \\ \end{array}\right\}$$
$$l\ddot{\theta} + l'\ddot{\varphi} = -g\varphi$$

となる. これから, θ, φ を解けば運動がきまる.[1] ◆

例題 5 1つの質点が, 軸が鉛直で, 頂点が下に向いている滑らかな円錐 (半頂角 $= \alpha$) の面上を運動する. その運動方程式を求めよ.

解 頂点を原点とし, 軸にそって上向きに z 軸, 水平面上で x, y 軸をとる. 極座標を r, α, φ とすれば, α は一定 (18.1-5 図).

$$(ds)^2 = (dr)^2 + (r \sin \alpha \, d\varphi)^2.$$

$$\therefore \ T = \frac{1}{2}m(\dot{r}^2 + r^2 \sin^2\alpha \, \dot{\varphi}^2).$$

また, $U = mgr \cos\alpha$. したがって

$$L = \frac{1}{2}m(\dot{r}^2 + r^2 \sin^2\alpha \, \dot{\varphi}^2) - mgr \cos\alpha.$$

Lagrange の運動方程式は

$$m\ddot{r} = mr \sin^2\alpha \, \dot{\varphi}^2 - mg \cos\alpha, \quad \left.\begin{array}{l} \\ \\ \end{array}\right\}$$
$$\frac{d}{dt}(mr^2 \sin^2\alpha \, \dot{\varphi}) = 0$$

となる. この場合の運動については §18.3 の例題 2 を参照. ◆

---

1) この方程式の解は章末の問題 2 を参照せよ.

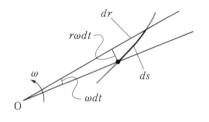

18.1-6 図

例題 6　固定点 O のまわりに水平面内で一定の角速度 ω で回転する滑らかな直線に束縛されている質点の運動につき，O からの距離 r を広義座標として Lagrange の方程式を立てよ（§9.3 の例題 1）．

解　慣性系に対する速さの 2 乗は 18.1-6 図をみながら

$$V^2 = \dot{r}^2 + (r\omega)^2.$$

$$\therefore\ T = \frac{1}{2}m\{\dot{r}^2 + (r\omega)^2\}.$$

Lagrange の運動方程式は

$$\frac{d}{dt}(m\dot{r}) - mr\omega^2 = 0.$$

$$\therefore\ \ddot{r} = \omega^2 r.\qquad\qquad\blacklozenge$$

§18.2　質点系の振動 [1)]

　Lagrange の運動方程式によって論じることのできる 1 つの大切な力学的現象として質点系の振動を扱う．これは純粋に力学の問題としても興味があるばかりでなく，たとえば固体は多くの原子が互いに作用しあう力によって振動を行なっていると考えることができるし，また分子ではこれをつくっているいくつかの原子が互いに力を作用しながら振動していると考えることができる．このような現象を扱う基礎にもなる場合を論じよう．

　いま，もっとも簡単な場合として，18.2-1 図に示すように 2 つの等しい質点を 3 個のばねで連結する場合を考えよう．両端の 2 つのばねは弾性定数が等しく c で，真中のばねの定数は k であるとする．つり合いの位置からの変位を x_1, x_2 とする．左の端のばねは x_1 だけ伸び，中央のばねは $x_2 - x_1$ だけ伸び，右の端のばねは x_2 だけ縮んでいる．

---

　1)　質点系の振動の一般論は第 21 章で学ぶことにする．この節では具体的な問題を論じるが，第 21 章で扱われたり証明されたりすることの多くがここで現われている．

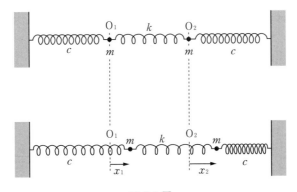

18.2-1 図

$$L = \frac{1}{2}m(\dot{x}_1{}^2 + \dot{x}_2{}^2) - \frac{1}{2}cx_1{}^2 - \frac{1}{2}k(x_2 - x_1)^2 - \frac{1}{2}cx_2{}^2.$$

$$(18.2\text{-}1)$$

Lagrange の運動方程式は

$$\left.\begin{aligned} m\ddot{x}_1 &= -cx_1 + k(x_2 - x_1), \\ m\ddot{x}_2 &= -cx_2 - k(x_2 - x_1). \end{aligned}\right\} \qquad (18.2\text{-}2)$$

これを解くために両質点が調子を合わせて（等しい振動数で位相を合わせて）単振動を行なうような運動を求める. そのため

$$x_1 = A_1 \cos(\omega t + \alpha), \qquad x_2 = A_2 \cos(\omega t + \alpha) \qquad (18.2\text{-}3)$$

とおく. (18.2-2) に代入すれば

$$\left.\begin{aligned} (m\omega^2 - c - k)A_1 &\qquad\qquad + kA_2 = 0, \\ kA_1 + (m\omega^2 - c - k)A_2 &= 0 \end{aligned}\right\} \qquad (18.2\text{-}4)$$

となる.

  $A_1 = A_2 = 0$ は（18.2-4）を満足するが両質点は静止していることを表わす. これももちろん可能な運動の特別な場合であるが, あたりまえのことなので "興味のない解"（trivial solution）と名づけている. 私たちの求めたいのは実際 x_1, x_2 が時間とともに変わる運動である. 連立方程式（18.2-4）の立場からいうと, A_1 と A_2 とが同時には 0 となることがないような解を求めることになる. そのためには

$$\begin{vmatrix} m\omega^2 - c - k & k \\ k & m\omega^2 - c - k \end{vmatrix} = 0 \qquad (18.2\text{-}5)$$

でなければならない．これから

$$(m\omega^2 - c)(m\omega^2 - c - 2k) = 0.$$

したがって，ω には2つの値があり，それらは

$$\omega' = \sqrt{\frac{c}{m}}, \qquad \omega'' = \sqrt{\frac{c + 2k}{m}} \qquad (18.2\text{-}6)$$

で与えられることがわかる．これらの値を（18.2-4）の2式のうちどちらかに代入して

$$\omega = \omega' \quad \text{に対しては} \quad A_1 = A_2,$$
$$\omega = \omega'' \quad \text{に対しては} \quad A_1 = -A_2$$

であることがわかる．したがって

$$x_1 = A' \cos(\omega' t + \alpha'), \qquad x_2 = A' \cos(\omega' t + \alpha')$$

$$(18.2\text{-}7)$$

の1組も，

$$x_1 = A'' \cos(\omega'' t + \alpha''), \qquad x_2 = -A'' \cos(\omega'' t + \alpha'')$$

$$(18.2\text{-}8)$$

の1組も解であることがわかる．またこれらを加えた

$$\left. \begin{array}{l} x_1 = A' \cos(\omega' t + \alpha') + A'' \cos(\omega'' t + \alpha''), \\ x_2 = A' \cos(\omega' t + \alpha') - A'' \cos(\omega'' t + \alpha'') \end{array} \right\} \qquad (18.2\text{-}9)$$

も（18.2-2）の解で，これが一般解である．初期条件，すなわち，$t = 0$ での x_1, x_2 と $\dot{x}_1, \dot{x}_2$ の値に対して，4つの定数 $A', A'', \alpha', \alpha''$ をきめることができる．

　さて，（18.2-7）の与える解は $x_1 = x_2$ となっており，2個の質点が調子を合わせ，距離を変えずに左右に振動する運動を表わす．（18.2-8）では $x_1 = -x_2$ で，両質点は調子を合わせてはいるが変位はいつも逆向きで等しいように運動している．（18.2-7）または（18.2-8）のように調子を合わせて行なう振動を**規準振動**という．一般の振動は規準振動を重ね合わせたものである．

　k が c に比べて非常に小さいときには，両方の質点がだいたい振動をしていて，その間に弱い相互作用がある場合となる．このときには（18.2-6）の ω', ω''

の差は小さく,

$$\omega'' = \omega'\left(1 + \frac{k}{c}\right) \tag{18.2-10}$$

となる.

　いま,最初,片方の質点だけを a だけずらして静かに放すときを考えよう.しばらくの間この質点だけが単振動を行なっているであろうが,そのうちに第2の質点も動き出すであろう(これは共振(resonance)とよばれる現象の1例である).これは第1の質点から第2の質点に,これらを連結するばねを伝わって,エネルギーが移動するのであると解釈することができる.したがって,第1の質点はエネルギーを失って振幅はしだいに小さくなり,しまいに止まってしまう.そのとき第2の質点の振幅は第1の質点の最初の振幅に等しくなっている.それから先は第1と第2とを交換して考えればよい.このように両方の質点は振幅が交互に大きくなったり小さくなったりする.以上のことを式で扱おう.

　$t = 0$ で $x_1 = a$, $x_2 = 0$, $\dot{x}_1 = 0$, $\dot{x}_2 = 0$ の初期条件を (18.2-9) に入れれば

$$\left.\begin{array}{l} a = A'\cos\alpha' + A''\cos\alpha'', \\ 0 = A'\cos\alpha' - A''\cos\alpha'', \end{array}\right\}$$

$$\left.\begin{array}{l} 0 = -A'\sin\alpha' - A''\sin\alpha'', \\ 0 = -A'\sin\alpha' + A''\sin\alpha'' \end{array}\right\}$$

となるが,これから $\alpha' = 0$, $\alpha'' = 0$, $A' = A'' = a/2$ が得られる.それゆえ,

$$\left.\begin{array}{l} x_1 = \dfrac{a}{2}(\cos\omega't + \cos\omega''t) = a\cos\left(\dfrac{k}{2c}\omega't\right)\cos\omega't, \\[3mm] x_2 = \dfrac{a}{2}(\cos\omega't - \cos\omega''t) = a\sin\left(\dfrac{k}{2c}\omega't\right)\sin\omega't \end{array}\right\}$$

$$\tag{18.2-11}$$

となる.k/c は非常に小さいから,$a\cos\left(\dfrac{k}{2c}\omega't\right), a\sin\left(\dfrac{k}{2c}\omega't\right)$ は非常にゆるやかに変わるもので,x_1, x_2 はこれらの非常にゆるやかに変わる振幅を持つ単振動(振動数 $\omega'/2\pi$)であると考えることができる.これを図に描いたのが18.2-2図である.

　以上で全部解決できたわけであるが,Lagrangian (18.2-1) をみると

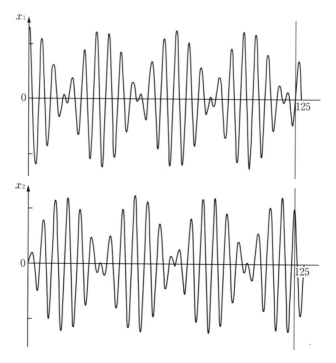

18.2-2 図 連成振動 ($k/c = 0.2$ の場合)

$$L = \frac{1}{2}m(\dot{x}_1{}^2 + \dot{x}_2{}^2) - \frac{1}{2}(c + k)x_1{}^2 + kx_1x_2 - \frac{1}{2}(c + k)x_2{}^2$$

$$(18.2\text{-}12)$$

となっていて，$\dot{x}_1, \dot{x}_2$ については 2 乗の項だけであるが，x_1, x_2 については 2 乗の項の他に x_1x_2 の項があることに気がつく．2 次形式の理論によると，x_1, x_2 に主軸変換（principal axis transformation, Hauptachsentransformation）とよばれる 1 次変換を行なうと，$\dot{x}_1, \dot{x}_2$ の関係する部分はやはり 2 乗の和に保ったまま，x_1, x_2 の関係する部分を 2 乗の和に直すことができる（これは楕円の主軸を求める問題と同じである[1]）．つまり

$$q_1 = \frac{1}{\sqrt{2}}(x_1 + x_2), \quad q_2 = \frac{1}{\sqrt{2}}(x_1 - x_2) \qquad (18.2\text{-}13)$$

---

1) 原島鮮：「力学 I」§13.2 の慣性楕円体の理論で，一般の直交軸 (x, y, z) から慣性楕円体の主軸 (ξ, η, ζ) に移る変換も主軸変換である．

を一般座標とすればよい.

$$L = \frac{m}{2}(\dot{q_1}^2 + \dot{q_2}^2) - \frac{1}{2}cq_1{}^2 - \frac{1}{2}(c + 2k)q_2{}^2 \qquad (18.2\text{-}14)$$

となる. これに対する Lagrange の運動方程式は

$$m\ddot{q_1} = -cq_1, \qquad m\ddot{q_2} = -(c + 2k)q_2 \qquad (18.2\text{-}15)$$

となり, これから

$$q_1 = C_1 \cos\left(\sqrt{\frac{c}{m}}\,t + \alpha_1\right), \qquad q_2 = C_2 \cos\left(\sqrt{\frac{c + 2k}{m}}\,t + \alpha_2\right)$$

$$(18.2\text{-}16)$$

となる. q_1 と q_2 とは, 互いにまったく無関係に単振動的変化を行なう. したがって, いま考えている体系は角振動数 $\omega' = \sqrt{c/m}$ の振動を行なう規準振動と $\omega'' = \sqrt{(c + 2k)/m}$ の振動を行なう規準振動とから成り立っていると考えてよい. これらの規準振動は互いにエネルギーのやりとりはしない. x_1 と x_2 とは互いに影響しあって単振動ではなくなるが, (18.2-13) によると, 両質点の中心の点(重心)の運動と両質点の距離の時間的変化とはまったく無関係に単振動的になっていることがわかる. $\sqrt{\dfrac{m}{2}}\,q_1, \sqrt{\dfrac{m}{2}}\,q_2$ を規準座標(normal coordinates)とよぶ(§21.4(124ページ)参照).

例題 長さ $3a$ の質量のない糸を張力 S で強く張っておき, a の間隔をおいて, 質量 m の等しい質点を2個結びつける. この体系の糸に直角の方向の小振動を求めよ.

解 18.2-3図でC, Dの変位を x_1, x_2 とする.

$$\overline{\text{AC}} = (a^2 + x_1{}^2)^{1/2} = a\left(1 + \frac{x_1{}^2}{a^2}\right)^{1/2} = a\left(1 + \frac{1}{2}\frac{x_1{}^2}{a^2}\right).$$

したがって

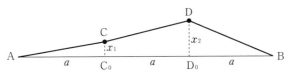

18.2-3 図

位置エネルギーは $\dfrac{1}{2}\dfrac{{x_1}^2}{a}S.$

$$\overline{\mathrm{CD}} = \{a^2 + (x_2 - x_1)^2\}^{1/2} = a\Big\{1 + \frac{1}{2}\frac{(x_2 - x_1)^2}{a^2}\Big\},$$

位置エネルギーは $\dfrac{1}{2}\dfrac{(x_2 - x_1)^2}{a}S.$

$$\overline{\mathrm{DB}} = (a^2 + {x_2}^2)^{1/2} = a\Big(1 + \frac{1}{2}\frac{{x_2}^2}{a^2}\Big),$$

位置エネルギーは $\dfrac{1}{2}\dfrac{{x_2}^2}{a}S.$

Lagrangian は

$$L = \frac{1}{2}m({\dot{x}_1}^2 + {\dot{x}_2}^2) - \frac{S}{2a}\{{x_1}^2 + (x_2 - x_1)^2 + {x_2}^2\}.$$

運動方程式は

$$\left.\begin{array}{l} m\ddot{x}_1 = -\dfrac{S}{a}(2x_1 - x_2), \\[2mm] m\ddot{x}_2 = -\dfrac{S}{a}(2x_2 - x_1). \end{array}\right\} \tag{1}$$

あとは本文の問題と同様に扱う.

$$\left.\begin{array}{l} x_1 = A'\cos(\omega' t + \alpha') + A''\cos(\omega'' t + \alpha''), \\ x_2 = A'\cos(\omega' t + \alpha') - A''\cos(\omega'' t + \alpha''). \end{array}\right\} \tag{2}$$

ただし,

$$\omega' = \sqrt{\frac{S}{ma}}, \qquad \omega'' = \sqrt{\frac{3S}{ma}}. \tag{3}$$

規準振動は

$$x_1 = A'\cos(\omega' t + \alpha'), \qquad x_2 = A'\cos(\omega' t + \alpha')$$

の 1 組と

$$x_1 = A''\cos(\omega'' t + \alpha''), \qquad x_2 = -A''\cos(\omega'' t + \alpha'')$$

の 1 組によって与えられる (18.2-4 図). ◆

注意　Lagrange の運動方程式を使わないで, 運動の第 2 法則をそのまま書いてもよい. 18.2-5 図のように θ, φ, ψ をとれば, C の運動方程式は

$$m\ddot{x}_1 = S\sin\varphi - S\sin\theta.$$

D の運動方程式は

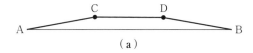

(a)

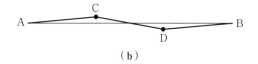

(b)

18.2-4 図

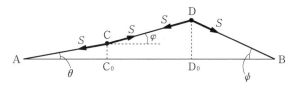

18.2-5 図

$$m\ddot{x}_2 = -S\sin\varphi - S\sin\psi.$$

小振動では $\sin\varphi \fallingdotseq \tan\varphi = \dfrac{x_2 - x_1}{a}$, $\sin\theta \fallingdotseq \tan\theta = \dfrac{x_1}{a}$, $\sin\psi \fallingdotseq \tan\psi = \dfrac{x_2}{a}$. これらの式を上の式に入れれば (1) が得られる.

§18.3 定常運動付近の運動

Lagrange の運動方程式がよく使われる一群の問題として,定常運動付近の運動の調べ方を述べよう.

Lagrangian L の中に $q_1, q_2, \cdots, q_s$ は含まれているが,$q_{s+1}, \cdots, q_f$ は含まれていないものとする. このとき

$$q_1 = 一定, \qquad q_2 = 一定, \qquad \cdots, \qquad q_s = 一定,$$
$$\dot{q}_{s+1} = 一定, \qquad \cdots\cdots \qquad , \qquad \dot{q}_f = 一定$$

であるような運動を**定常運動**(steady motion)とよぶ. 一般的議論は省略して例題で説明しよう.

▎**例題 1** 質量 m の質点が原点から $m\mu/r^n$(μ:定数)で与えられる引力を受

けるとき，等速円運動を行なう条件を求め，これが安定であるための条件を
求めよ．

解　運動エネルギーは

$$T = \frac{m}{2}(\dot{r}^2 + r^2\dot{\varphi}^2),$$

位置エネルギーは

$$U = \int_\infty^r \frac{m\mu}{r^n}\,dr = -\frac{m\mu}{(n-1)r^{n-1}}.$$

Lagrangian は

$$L = T - U = \frac{m}{2}(\dot{r}^2 + r^2\dot{\varphi}^2) + \frac{m\mu}{(n-1)r^{n-1}}.$$

L には φ が含まれていないから，$r =$ 一定，$\dot{\varphi} =$ 一定 の運動，すなわち等速円
運動，が定常運動である．Lagrange の運動方程式は

$$\frac{d}{dt}\left(\frac{\partial L}{\partial \dot{r}}\right) = \frac{\partial L}{\partial r} \quad \text{に対して} \quad \ddot{r} = r\dot{\varphi}^2 - \frac{\mu}{r^n}, \tag{1}$$

$$\frac{d}{dt}\left(\frac{\partial L}{\partial \dot{\varphi}}\right) = \frac{\partial L}{\partial \varphi} \quad \text{に対して} \quad \frac{d}{dt}\left(r^2\frac{d\varphi}{dt}\right) = 0. \tag{2}$$

(2) から

$$r^2\frac{d\varphi}{dt} = \text{一定} = h. \tag{3}$$

(1) に代入

$$\frac{d^2r}{dt^2} = \frac{h^2}{r^3} - \frac{\mu}{r^n}. \tag{4}$$

等速円運動の場合，$r = r_0$，$d\varphi/dt = \omega_0$ とおいて

$$\text{(4) から} \quad r_0{}^{n-3} = \frac{\mu}{h_0{}^2}, \tag{5}$$

$$\text{(3) から} \quad h_0 = r_0{}^2\omega_0. \tag{6}$$

これら 2 個の式から

$$r_0{}^{n+1}\omega_0{}^2 = \mu. \tag{7}$$

これが円運動（定常運動）の場合の半径 r_0 と角速度 ω_0（2π 時間の回転数）の間
の関係である．周期を T_0 とすれば，$\omega_0 = 2\pi/T_0$ であるから

$$\frac{r_0{}^{n+1}}{T_0{}^2} = \frac{\mu}{4\pi^2}$$

となる. 万有引力の場合には $n = 2$ となるから, この式は $r_0{}^3/T_0{}^2 =$ 一定 となり, Kepler の第 3 法則の主張するところになっている.

定常運動の安定性を調べるために, この定常運動をわずかに乱した運動を考え,

$$r = r_0 + \rho, \qquad \frac{d\varphi}{dt} = \omega_0 + \varepsilon \tag{8}$$

としよう. h も h_0 と少しちがう値をとるので $h = h_0 + \eta$ とする. η は定数である. ρ, ε, η はそれぞれ r_0, ω_0, h_0 に比べて小さいとする. (3) は

$$h_0\left(1 + \frac{\rho}{r_0}\right)^2\left(1 + \frac{\varepsilon}{\omega_0}\right) = h_0 + \eta.$$

ρ, ε が小さいことを考えて $\rho/r_0, \varepsilon/\omega_0$ について展開すれば

$$2\frac{h_0\rho}{r_0} + h_0\frac{\varepsilon}{\omega_0} = \eta.$$

(6) を使って r_0, ω_0 で統一すれば

$$r_0{}^2\varepsilon + 2r_0\omega_0\rho = \eta = \text{一定.} \tag{9}$$

次に (4) を使う.

$$\frac{d^2\rho}{dt^2} = \frac{(h_0 + \eta)^2}{(r_0 + \rho)^3} - \frac{\mu}{(r_0 + \rho)^n}. \tag{10}$$

ここで,

$$\frac{(h_0 + \eta)^2}{(r_0 + \rho)^3} = \frac{h_0{}^2}{r_0{}^3}\left(1 + 2\frac{\eta}{h_0} - 3\frac{\rho}{r_0} + \cdots\right),$$

$$\frac{\mu}{(r_0 + \rho)^n} = \frac{\mu}{r_0{}^n}\left(1 - n\frac{\rho}{r_0} + \cdots\right).$$

これらの式を (10) に代入して, (6), (7) を使えば

$$\frac{d^2\rho}{dt^2} = \frac{2\eta\omega_0}{r_0} - (3 - n)\frac{\mu}{r_0{}^{n+1}}\rho$$

が得られる. ρ が単振動的に変わるのは

$$n < 3$$

の場合で, $n > 3$ のときには指数関数的となり, $n = 3$ のときには ρ は t の 1 次式となる. ρ がいつまでも小さく保たれるのは $n < 3$ のときだけで, このとき, (9) により ε も単振動的に変化する. したがって円運動は安定である.

ρ は $2\eta/(3 - n)r_0\omega_0$ を中心として振動する. 定常運動の安定・不安定の議論

には，はじめから $\eta = 0$ とおいたとしても影響はない． ◆

例題2 1つの質点が，軸が鉛直で頂点が下に向いている滑らかな円錐（半頂角 $= \alpha$）の面上を運動する．質点が半径 a の水平な円周上を ω の角速度で運動する定常運動が行なわれる条件と，この位置から少しずらしたときの小振動の周期を求めよ．

解 運動方程式は§18.1の例題5（49ページ）によって

$$m\ddot{r} = mr\sin^2\alpha\,\dot{\varphi}^2 - mg\cos\alpha, \tag{1}$$

$$\frac{d}{dt}(mr^2\sin^2\alpha\,\dot{\varphi}) = 0. \tag{2}$$

半径 a の円周上を一定の角速度 ω で運動するためには，

$$r\sin\alpha = a, \quad \ddot{r} = 0, \quad \dot{\varphi} = \omega.$$

(1) によって，

$$a\omega^2\sin\alpha - g\cos\alpha = 0. \quad \therefore\ \omega^2 a = g\cot\alpha. \tag{3}$$

これが求める条件である．

次に定常でない一般の運動を調べる．(2) から

$$r^2\sin^2\alpha\,\dot{\varphi} = 一定 = h. \tag{4}$$

$\dot{\varphi}$ を (1) に代入して，

$$\ddot{r} = \frac{h^2}{r^3\sin^2\alpha} - g\cos\alpha. \tag{5}$$

いま，定常状態に非常に近い運動を調べるために，

$$r\sin\alpha = a + \rho \qquad (\rho：微小)$$

とおき，(5) に代入する．

$$\ddot{\rho} = \frac{h^2\sin^2\alpha}{(a+\rho)^3} - g\sin\alpha\cos\alpha = \frac{h^2\sin^2\alpha}{a^3}\left(1 + \frac{\rho}{a}\right)^{-3} - g\sin\alpha\cos\alpha$$

$$= \frac{h^2\sin^2\alpha}{a^3}\left(1 - 3\frac{\rho}{a}\right) - g\sin\alpha\cos\alpha.$$

したがって，

$$\ddot{\rho} = -\frac{3h^2\sin^2\alpha}{a^4}\rho + \frac{\sin^2\alpha}{a^3}(h^2 - a^3 g\cot\alpha). \tag{6}$$

定常状態での h を h_0 とすれば，(4) から $h_0 = a^2\omega$．(3) から $h_0{}^2 = a^3 g\cot\alpha$．(6) で，$\rho, \ddot{\rho}$ は微小量であるから，h はほとんど h_0 に近い．したがって，a を調

節して正確に $h^2 = a^3 g \cot\alpha = (a^2\omega)^2$ とすることができる. そうすると (6) は

$$\ddot{\rho} = -3\omega^2 \rho \sin^2\alpha. \tag{7}$$

したがって, ρ は単振動的に変化し, その周期は

$$T = \frac{2\pi}{\sqrt{3}\,\omega \sin\alpha}. \tag{8} ◆$$

例題 3 2本の等しい一様な棒 OB, BC が滑らかな蝶 番^{ちょうつがい}で B で連結され, O 端を固定点として水平面内で自由に回ることができる. その定常運動を求め, 安定性を調べよ.

解 18.3-1 図のように固定直線 Ox と OB, BC のつくる角を θ, φ とする. おのおのの棒の長さを $2a$, 質量を M とする. 棒 OB は O を固定軸として運動し, O のまわりの慣性モーメントは $(4/3)Ma^2$ であるから, OB の運動エネルギーは

$$\frac{1}{2}\frac{4}{3}Ma^2\dot{\theta}^2 = \frac{2}{3}Ma^2\dot{\theta}^2.$$

棒 BC の重心 G' の座標 x', y' は

$$x' = 2a\cos\theta + a\cos\varphi, \qquad y' = 2a\sin\theta + a\sin\varphi.$$

$$\dot{x}' = -2a\sin\theta\,\dot{\theta} - a\sin\varphi\,\dot{\varphi}, \qquad \dot{y}' = 2a\cos\theta\,\dot{\theta} + a\cos\varphi\,\dot{\varphi}.$$

G' のまわりの慣性モーメントは $(1/3)Ma^2$. したがって, 棒 BC の運動エネルギーは

$$\frac{1}{2}M(\dot{x}'^2 + \dot{y}'^2) + \frac{1}{2}\frac{1}{3}Ma^2\dot{\varphi}^2 = 2Ma^2\dot{\theta}^2 + \frac{2}{3}Ma^2\dot{\varphi}^2 + 2Ma^2\dot{\theta}\dot{\varphi}\cos(\varphi - \theta).$$

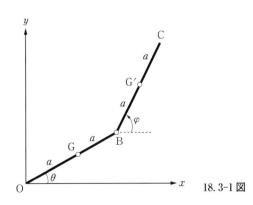

18.3-1 図

それゆえ，全体の運動エネルギーは

$$T = Ma^2 \left\{ \frac{8}{3}\dot{\theta}^2 + \frac{2}{3}\dot{\varphi}^2 + 2\dot{\theta}\dot{\varphi}\cos(\varphi - \theta) \right\}$$

となる．位置エネルギーは 0 としてよいから，Lagrangian は $L = T$ である．
したがって，Lagrange の運動方程式は

$$Ma^2 \frac{d}{dt} \left\{ \frac{16}{3}\dot{\theta} + 2\dot{\varphi}\cos(\varphi - \theta) \right\} = 2Ma^2\dot{\theta}\dot{\varphi}\sin(\varphi - \theta), \qquad (1)$$

$$Ma^2 \frac{d}{dt} \left\{ \frac{4}{3}\dot{\varphi} + 2\dot{\theta}\cos(\varphi - \theta) \right\} = -2Ma^2\dot{\theta}\dot{\varphi}\sin(\varphi - \theta). \qquad (2)$$

いま，両方の棒のつくる角を $\psi = \varphi - \theta$ とすれば，(1)，(2) は

$$\frac{d}{dt} \left\{ \frac{16}{3}\dot{\theta} + 2(\dot{\theta} + \dot{\psi})\cos\psi \right\} = 2\dot{\theta}(\dot{\theta} + \dot{\psi})\sin\psi, \qquad (1)'$$

$$\frac{d}{dt} \left\{ \frac{4}{3}(\dot{\theta} + \dot{\psi}) + 2\dot{\theta}\cos\psi \right\} = -2\dot{\theta}(\dot{\theta} + \dot{\psi})\sin\psi. \qquad (2)'$$

定常運動では $\psi = $ 一定，したがって $\dot{\psi} = 0$．また OBC が 1 つの剛体のように
なるから $\dot{\theta} = $ 一定．ゆえに (1)′，(2)′ はどちらも

$$\dot{\theta}^2 \sin\psi = 0$$

となる．これから $\psi = 0$ または π となる．

　定常運動 $\psi = 0$ の安定性を調べるために，ψ が非常に小さいとする．

$$\dot{\theta} = \omega + \dot{\varepsilon}$$

とおけば $\dot{\varepsilon}$ も微小量である．

$$(1)' \text{ は } \quad \frac{11}{3}\ddot{\varepsilon} + \ddot{\psi} = \omega^2\psi, \qquad (3)$$

$$(2)' \text{ は } \quad \frac{5}{3}\ddot{\varepsilon} + \frac{2}{3}\ddot{\psi} = -\omega^2\psi \qquad (4)$$

となる．$(3) \times 5 - (4) \times 11$ から

$$\ddot{\psi} = -\frac{48}{7}\omega^2\psi. \qquad (5)$$

したがって，ψ は単振動的に変化する．ゆえに $\psi = 0$ で与えられる定常運動は
安定である．

　$\psi = \pi$ で与えられる定常運動の安定性をみるために，

$$\psi = \pi + \psi' \qquad (6)$$

とおく．また，$\dot{\theta} = \omega + \dot{\varepsilon}'$ とおく．(1)′, (2)′ は

$$\frac{5}{3}\ddot{\varepsilon}' - \ddot{\psi}' = -\omega^2\psi', \tag{7}$$

$$-\frac{1}{3}\ddot{\varepsilon}' + \frac{2}{3}\ddot{\psi}' = \omega^2\psi'. \tag{8}$$

(7) + (8) × 5 をつくれば

$$\frac{7}{3}\ddot{\psi}' = 4\omega^2\psi'. \quad \therefore \quad \ddot{\psi}' = \frac{12}{7}\omega^2\psi'.$$

それゆえ，

$$\psi' = A \exp\left(\sqrt{\frac{12}{7}}\,\omega t\right) + B \exp\left(-\sqrt{\frac{12}{7}}\,\omega t\right) \tag{9}$$

となり，$A \neq 0$ を与えるような初期条件の場合，$t \to \infty$ で $\psi' \to \infty$ になるから不安定である．　◆

§18.4　束縛条件が時間による場合のLagrangeの運動方程式

　質点または質点系のしたがう束縛条件が時間を含むとき，たとえば，質点を束縛する曲線が回転するような場合の扱い方はそうでない場合に比べて特別にちがうことはない．直交座標と一般化された座標の間の関係を与える (18.1-1) で $x_1, y_1, \cdots, z_n$ を $q_1, \cdots, q_f$ で表わすとき t が陽に含まれる場合である．仮想変位は，質点系の各瞬間での位置について，その構造をみるためにどのような変位が可能であるかを知るためのものであって，実際の時間的経過とは無関係のものであるから，(18.1-3) などの式はそのまま成り立つ．それゆえ，慣性系に対する運動エネルギーを一般座標とその時間による微係数で表わして，これと位置エネルギーによって Lagrangian をつくればよい．これは§18.1 の例題6で特に断ることなく行なったことである．

例題　一定の角速度 ω で鉛直直径のまわりに回転する滑らかな円輪（半径 $= a$）に質点（質量 $= m$）が束縛されている (18.4-1 図)．質点が円輪に相対的に静止する位置を求め，そのうちの1つであるところの最下点付近の小振動の周期を求めよ．

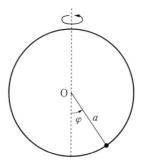

18. 4-1 図

解 質点を通る半径が鉛直とつくる角を φ とし，これを一般座標にとる.

$$T = \frac{m}{2}\{(a\dot{\varphi})^2 + (a\sin\varphi\,\omega)^2\},$$

$$U = mga(1 - \cos\varphi),$$

$$L = \frac{m}{2}\{(a\dot{\varphi})^2 + (a\sin\varphi\,\omega)^2\} - mga(1 - \cos\varphi).$$

Lagrange の運動方程式は，

$$\frac{d}{dt}(ma^2\dot{\varphi}) - ma^2\sin\varphi\cos\varphi\,\omega^2 = -mag\sin\varphi.$$

$$\therefore\ \ddot{\varphi} - \sin\varphi\cos\varphi\,\omega^2 = -\frac{g}{a}\sin\varphi. \tag{1}$$

定常運動では

$$\ddot{\varphi} = 0. \quad \therefore\ \sin\varphi\left(\cos\varphi - \frac{g}{a\omega^2}\right) = 0.$$

したがって，

$$\frac{g}{a\omega^2} > 1 \quad \text{ならば} \quad \sin\varphi = 0,\ \text{つまり} \quad \varphi = 0, \pi$$

の 2 位置が定常運動の位置を与え，

$$\frac{a}{a\omega^2} \leqq 1 \quad \text{ならば} \quad \varphi = 0, \pi, \cos^{-1}\frac{g}{a\omega^2}$$

が定常運動を与える.

最下点付近の小さな運動では，φ は微小であるから

$$\sin\varphi \fallingdotseq \varphi, \quad \cos\varphi \fallingdotseq 1.$$

したがって (1) は

$$\ddot{\varphi} = \left(\omega^2 - \frac{g}{a}\right)\varphi.$$

それゆえ，$a\omega^2 \geqq g$ ならば不安定．$a\omega^2 < g$ ならば安定で，周期は

$$T = \frac{2\pi}{\sqrt{\dfrac{g}{a} - \omega^2}}.$$

◆

§18.5　速度によるポテンシャルを持つときのLagrangeの運動方程式

1つの体系に働く力が速度によることがよくある．電気を帯びた物体，たとえば電子が，電場と磁場の中を運動するときに，物体の速度による力が働く．電気量を q，電場，磁束密度を $\boldsymbol{E}, \boldsymbol{B}$ とし，物体の速度を $\boldsymbol{v}$ とすれば

$$\boldsymbol{F} = q(\boldsymbol{E} + \boldsymbol{v} \times \boldsymbol{B})^{\text{1)}} \tag{18.5-1}$$

の力が働く．$\boldsymbol{E}$ と $\boldsymbol{B}$ とは電位 φ とベクトルポテンシャル $\boldsymbol{A}$ から

$$\boldsymbol{E} = -\operatorname{grad}\varphi - \frac{\partial \boldsymbol{A}}{\partial t}, \quad \boldsymbol{B} = \operatorname{rot}\boldsymbol{A}$$

によって与えられる．$\operatorname{rot}\boldsymbol{A}$ は成分が

$$\frac{\partial A_z}{\partial y} - \frac{\partial A_y}{\partial z}, \quad \frac{\partial A_x}{\partial z} - \frac{\partial A_z}{\partial x}, \quad \frac{\partial A_y}{\partial x} - \frac{\partial A_x}{\partial y}$$

であるようなベクトルである．

いま，

$$U = -q\boldsymbol{A}\cdot\boldsymbol{v} + q\varphi = -q(A_x\dot{x} + A_y\dot{y} + A_z\dot{z}) + q\varphi \tag{18.5-2}$$

で与えられる関数 U をとると，

$$\frac{d}{dt}\left(\frac{\partial U}{\partial \dot{x}}\right) - \frac{\partial U}{\partial x} = -q\frac{dA_x}{dt} + q\frac{\partial(\boldsymbol{A}\cdot\boldsymbol{v})}{\partial x} - q\frac{\partial \varphi}{\partial x}$$

---

1)　Gauss 系では $\boldsymbol{F} = q\left(\boldsymbol{E} + \dfrac{1}{c}\boldsymbol{v} \times \boldsymbol{B}\right)$.

$$= -q\left(\frac{\partial A_x}{\partial x}\dot{x} + \frac{\partial A_x}{\partial y}\dot{y} + \frac{\partial A_x}{\partial z}\dot{z} + \frac{\partial A_x}{\partial t}\right)$$

$$+ q\left(\frac{\partial A_x}{\partial x}\dot{x} + \frac{\partial A_y}{\partial x}\dot{y} + \frac{\partial A_z}{\partial x}\dot{z}\right) - q\frac{\partial \varphi}{\partial x}$$

$$= q\left\{\dot{y}\left(\frac{\partial A_y}{\partial x} - \frac{\partial A_x}{\partial y}\right) - \dot{z}\left(\frac{\partial A_x}{\partial z} - \frac{\partial A_z}{\partial x}\right)\right\}$$

$$- q\frac{\partial A_x}{\partial t} - q\frac{\partial \varphi}{\partial x}$$

$$= q(\boldsymbol{v} \times \boldsymbol{B})_x + qE_x = F_x. \tag{18.5-3}$$

したがって，Lagrange の運動方程式（18.1-11）は

$$\frac{d}{dt}\left(\frac{\partial T}{\partial \dot{x}}\right) - \frac{\partial T}{\partial x} = \frac{d}{dt}\left(\frac{\partial U}{\partial \dot{x}}\right) - \frac{\partial U}{\partial x}$$

となるので

$$L = T + q\boldsymbol{A}\cdot\boldsymbol{v} - q\varphi = T + q(A_x\dot{x} + A_y\dot{y} + A_z\dot{z}) - q\varphi$$

$$\tag{18.5-4}$$

とおけば

$$\frac{d}{dt}\left(\frac{\partial L}{\partial \dot{x}}\right) = \frac{\partial L}{\partial x},$$

同様に

$$\frac{d}{dt}\left(\frac{\partial L}{\partial \dot{y}}\right) = \frac{\partial L}{\partial y}, \qquad \frac{d}{dt}\left(\frac{\partial L}{\partial \dot{z}}\right) = \frac{\partial L}{\partial z}$$

となるので，（18.5-4）で与えられる L をこの場合の Lagrangian とよぶ.

━━━━━ 第 18 章　問　題 ━━━━━

1　4 本の等しいぜんまい（自然の長さ $= l$，強さ $= c$）OA, AB, BC, CD を連結し，A, B, C に質量 m の質点を結びつけ長さ $4l$ に張っておく．これらの質点の連結方向の振動を調べよ.

2　§18.1 の例題 4（48 ページ）の二重振り子の小振動の運動を調べよ．特に両方の糸の長さがほとんど等しく，また下の質点の質量が上の質点の質量に比べて非常に小さいときの運動を調べよ.

3　滑らかな曲面

$$z = \frac{x^2}{2R_1} + \frac{y^2}{2R_2}, \qquad z：鉛直上方, \qquad R_1, R_2：主曲率半径$$

に束縛されている質点の，最下点付近の振動を調べよ.

4　水平に $2a$ だけ離れた 2 点 A, B から長さ l の 2 本の糸を長さ $2b$ の一様な棒 CD の両端 C と D に結びつけてつるした装置を 2 本づりという．この棒を重心のまわりにわずかにねじって放したときの小振動を調べよ.

5　糸をその 1/3 の長さに等しい一様な細い管に通して，両端を同一水平面上にある，糸の長さの 1/2 の距離へだたっている 2 点に結ぶ．つり合いの位置で，この結びの点から棒までの鉛直距離は h である．同じ鉛直面内でのこの系の小振動を調べよ.

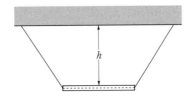

6　懐中時計を釘にかけたときの振動を調べよ.

7　§18.4 の例題（63 ページ）において，$g/a\omega^2 < 1$ のときの定常運動の位置 $\varphi = \cos^{-1}(g/a\omega^2)$ 付近の運動を調べよ.

8　滑らかな球面
$$x = (c + a\sin\theta)\cos\varphi, \quad y = (c + a\sin\theta)\sin\varphi, \quad z = a\cos\theta \quad (c > a)$$
の内部に束縛された質点の定常運動の付近の運動を調べよ.

9　軸が鉛直で頂点が下に向いている滑らかな回転放物面に束縛されている質点の運動を調べよ．質点が水平な円周上を運動する定常運動を求め，そのまわりの小振動を調べよ.

10　軸を鉛直に，頂点を下にした滑らかな放物線の細い管が軸のまわりに一定の角速度で回っている．$\omega^2 = g/a$（a は半直弦）ならば，この管に束縛された質点はこの管のどこでも平衡状態にあることができることを証明せよ.

19

正準方程式

§19.1 正準方程式

これから Lagrange の運動方程式が (18.1-14) の形,すなわち,

$$\frac{d}{dt}\left(\frac{\partial L}{\partial \dot{q}_r}\right) = \frac{\partial L}{\partial q_r}, \qquad L:\text{Lagrange の関数} \qquad (19.1\text{-}1)$$

で与えられる場合だけを考える.

$$p_r = \frac{\partial L}{\partial \dot{q}_r} \qquad (r = 1, \cdots, f) \qquad (19.1\text{-}2)$$

という量を考え,**一般化された運動量**(generalized momentum)または**広義運動量**とよぶ.(19.1-1) は

$$\frac{dp_r}{dt} = \frac{\partial L}{\partial q_r} \qquad (19.1\text{-}3)$$

となる.Lagrange の関数 L は $q_1, q_2, \cdots, q_f, \dot{q}_1, \dot{q}_2, \cdots, \dot{q}_f$ と t との関数であるから p_r も同様である.つまり,

$$p_r = p_r(q_1, q_2, \cdots, q_f, \dot{q}_1, \dot{q}_2, \cdots, \dot{q}_f : t) \qquad (r = 1, 2, \cdots, f)$$

$$(19.1\text{-}4)$$

である.

いま

$$H = \sum_{r=1}^{f} p_r \dot{q}_r - L(q_1, q_2, \cdots, q_f, \dot{q}_1, \dot{q}_2, \cdots, \dot{q}_f : t) \qquad (19.1\text{-}5)$$

で与えられる関数 H を考えると,(19.1-5) は H を $q_1, \cdots, q_f, \dot{q}_1, \cdots, \dot{q}_f, t$ の関数

として与えるものである.(19.1-4) を $\dot{q}_1, \dot{q}_2, \cdots, \dot{q}_f$ の f 個について解けば,

$$\left.\begin{aligned}
\dot{q}_1 &= \dot{q}_1(q_1, q_2, \cdots, q_f, p_1, p_2, \cdots, p_f\,;\,t), \\
&\cdots\cdots \\
&\cdots\cdots \\
\dot{q}_f &= \dot{q}_f(q_1, q_2, \cdots, q_f, p_1, p_2, \cdots, p_f\,;\,t)
\end{aligned}\right\} \tag{19.1-6}$$

の形で,速度 $\dot{q}_1, \dot{q}_2, \cdots, \dot{q}_f$ を座標 $q_1, q_2, \cdots, q_f$ と運動量 $p_1, p_2, \cdots, p_f$ を使って表わすことができる.これを (19.1-5) の $\dot{q}_1, \dot{q}_2, \cdots, \dot{q}_f$ に代入すれば

$$H = H(q_1, q_2, \cdots, q_f, p_1, p_2, \cdots, p_f\,;\,t) \tag{19.1-7}$$

と書くことができる.これを簡単に

$$H = H(q, p\,;\,t) \tag{19.1-8}$$

と書くことにする.このように H を q や p で書き表わしたとき,これを **Hamilton の関数**(Hamiltonian)または**特性関数**(characteristic function)とよぶ.

　時間的経過とは無関係に,L を $q_1, q_2, \cdots, q_f, \dot{q}_1, \dot{q}_2, \cdots, \dot{q}_f$ の関数として,また H を $q_1, q_2, \cdots, q_f, p_1, p_2, \cdots, p_f$ の関数として考え,L の場合には $\dot{q}_1, \dot{q}_2, \cdots, \dot{q}_f$ をさらに (19.1-6) によって $q_1, q_2, \cdots, q_f, p_1, p_2, \cdots, p_f$ の関数として考えて,$q_1, q_2, \cdots, q_f, p_1, p_2, \cdots, p_f$ がそれぞれ $\delta q_1, \delta q_2, \cdots, \delta q_f, \delta p_1, \delta p_2, \cdots, \delta p_f$ だけちがった値をとるときの H の変化を考える.[1] (19.1-5) により,

$$\begin{aligned}
\delta H &= \sum_r \dot{q}_r \delta p_r + \sum_s p_s \sum_r \left(\frac{\partial \dot{q}_s}{\partial q_r} \delta q_r + \frac{\partial \dot{q}_s}{\partial p_r} \delta p_r \right) \\
&\quad - \sum_r \frac{\partial L}{\partial q_r} \delta q_r - \sum_s \frac{\partial L}{\partial \dot{q}_s} \sum_r \frac{\partial \dot{q}_s}{\partial q_r} \delta q_r - \sum_s \frac{\partial L}{\partial \dot{q}_s} \sum_r \frac{\partial \dot{q}_s}{\partial p_r} \delta p_r \\
&= \sum_r \dot{q}_r \delta p_r + \sum_r \left\{ \sum_s \frac{\partial \dot{q}_s}{\partial p_r} \left(p_s - \frac{\partial L}{\partial \dot{q}_s} \right) \right\} \delta p_r \\
&\quad - \sum_r \frac{\partial L}{\partial q_r} \delta q_r + \sum_r \left\{ \sum_s \frac{\partial \dot{q}_s}{\partial q_r} \left(p_s - \frac{\partial L}{\partial \dot{q}_s} \right) \right\} \delta q_r
\end{aligned}$$

となる.3番目の総和の $\partial L/\partial q_r$ に (19.1-3) から dp_r/dt を入れ,また,2番目,4番目は (19.1-2) によって消えてしまうことを考えて,

$$\delta H = \sum_r \dot{q}_r \delta p_r - \sum_r \dot{p}_r \delta q_r \tag{19.1-9}$$

---

1) 時間の経過による変化でなく,関数の形を調べるための変化であるから δ の記号をとる.

が得られる．これから，

$$
\left.\begin{aligned}
\frac{dq_r}{dt} &= \frac{\partial H(q, p ; t)}{\partial p_r}, \\
\frac{dp_r}{dt} &= -\frac{\partial H(q, p ; t)}{\partial q_r}.
\end{aligned}\right\}
\tag{19.1-10}
$$

　質点系の運動状態は，位置を表わす $q_1, q_2, \cdots, q_f$ と速度を表わす $\dot{q}_1, \dot{q}_2, \cdots, \dot{q}_f$ とによって与えられるのであるが，(19.1-6) により速度の代りに運動量 $p_1, p_2, \cdots, p_f$ を使えば，結局 $q_1, q_2, \cdots, q_f$ と $p_1, p_2, \cdots, p_f$ によって質点系の状態が表わされることになる．(19.1-10) はこれら $2f$ 個の変数が時間の経過につれてどう変わるかを示すものである．$q_1, q_2, \cdots, q_f, p_1, p_2, \cdots, p_f$ を直交軸とするような $2f$ 次元の空間を考えれば，その中の一点によって質点系の運動状態，つまりその配置と運動量がきまる．この空間を**位相空間** (phase space) とよぶ．

　(19.1-10) は **Hamilton の正準方程式** (canonical equation of Hamilton) とよばれるもので，p と q について，符号を除いては対称的な形になっていることに気づかれる．p_r, q_r を**正準変数** (canonical variable) とよび，互いに**正準共役** (canonically conjugate) であるという．これからの問題は

> 正準方程式を解く一般的な方法を求めること，

> 正準方程式の形を不変に保ちながら正準変数を変えること

の 2 つである．

　ここで Hamiltonian H についてもう少し調べておこう．慣性系の直交座標 x, y, z と q との関係は一般に

$$
\begin{aligned}
x_i &= x_i(q_1, q_2, \cdots, q_f ; t), \\
y_i &= y_i(q_1, q_2, \cdots, q_f ; t), \\
z_i &= z_i(q_1, q_2, \cdots, q_f ; t)
\end{aligned}
$$

の形になっているから，t で微分すれば

$$
\dot{x}_i = \sum_r \frac{\partial x_i}{\partial q_r} \dot{q}_r + \frac{\partial x_i}{\partial t}
\tag{19.1-11}
$$

などである．それゆえ，運動エネルギー T は

$$T = (\dot{q}_1, \cdots, \dot{q}_f \text{ の 2 次の同次式}) + (\dot{q}_1, \cdots, \dot{q}_f \text{ の 1 次の同次式})$$
$$+ (\dot{q}_1, \cdots, \dot{q}_f \text{ を含まない式})$$

の形になっている．

x と q との関係式に t を陽に含まないときには，(19.1-11) の $\partial x_i/\partial t$ の項が消えるので，T は $\dot{q}_1, \cdots, \dot{q}_f$ について 2 次の同次式となる．また，U が $\dot{q}_1, \cdots, \dot{q}_f$ を含まないとすれば

$$p_r = \frac{\partial L}{\partial \dot{q}_r} = \frac{\partial T}{\partial \dot{q}_r}{}^{1)} \qquad (19.1\text{-}12)$$

であるから，同次式についての Euler の定理によって

$$\sum_r p_r \dot{q}_r = \sum_r \frac{\partial T}{\partial \dot{q}_r} \dot{q}_r = 2T.$$

したがって

$$H = 2T - (T - U) = T + U \qquad (19.1\text{-}13)$$

となる．すなわち，Hamiltonian は T と U との和にほかならない．保存力の場合には全エネルギーである．

$H(q_1, \cdots, q_f, p_1, \cdots, p_f)$ が t を陽に含まないときには，H が時間の経過につれて変わる（q, p を通して変わる）割合を求めれば，

$$\frac{dH}{dt} = \sum_r \frac{\partial H}{\partial q_r} \frac{dq_r}{dt} + \sum_r \frac{\partial H}{\partial p_r} \frac{dp_r}{dt}.$$

正準方程式 (19.1-10) を使えば

$$\frac{dH}{dt} = \sum_r \frac{\partial H}{\partial q_r} \frac{\partial H}{\partial p_r} + \sum_r \frac{\partial H}{\partial p_r}\left(-\frac{\partial H}{\partial q_r}\right) = 0.$$

つまり，

> Hamiltonian H に時間 t が陽に入っていないときには，H は時間に対して一定である

ということができる．このことと，(19.1-13) を結びつけると，

---

1)　いま考えているような場合が多いので，p_r は $\partial T/\partial \dot{q}_r$ によって計算されることが多い．

質点系が保存力の作用を受けて，時間とともに変わらない束縛条件（束縛
条件の式の中に時間が陽に入っていない意味）にしたがうように運動する
ときには

$$H = T + U = 一定 \qquad (19.1\text{-}14)$$

である

という大切な結論が得られる．これは**力学的エネルギー保存の法則**にほかなら
ない．

　次に，$H(q_1, \cdots, q_f, p_1, \cdots, p_f \,; t)$ の中に 1 つの座標，たとえば q_r が含まれてい
ないときには，$\partial H / \partial q_r = 0$ であるから正準方程式によって

$$p_r = 一定 \qquad (19.1\text{-}15)$$

となる．このとき q_r を**循環座標**（cyclic coordinate）とよぶ．(19.1-14)，(19.
1-15) は運動方程式（19.1-10）の積分の 1 つになっているわけである．

§19.2 Legendre 変換

　Lagrange の運動方程式から Hamilton の運動方程式への変換は，一般に
Legendre 変換[1] とよばれるものの 1 種である．変数のもっとも少ない場合につ
いて説明しよう．力学の場合には自由度が 1 の場合にあたる．

　独立変数を x, y とし，その関数 $\Phi(x, y)$ を考える．

$$u = \frac{\partial \Phi}{\partial x}, \qquad v = \frac{\partial \Phi}{\partial y} \qquad (19.2\text{-}1)$$

とすれば

$$d\Phi = u\,dx + v\,dy \qquad (19.2\text{-}2)$$

である．

　いま独立変数を (x, y) から (u, y) に変えることを考えよう．同時に関数を Φ
から

$$\Psi = \Phi - ux \qquad (19.2\text{-}3)$$

---

1)　Legendre transformation. Adrien-Marie Legendre（1752 ～ 1833）．フランスの数学者.

で与えられる Ψ に変える. $d\Psi$ をつくって (19.2-2) を使えば

$$dΨ = v\,dy - x\,du \tag{19.2-4}$$

となり

$$x = -\frac{\partial \Psi}{\partial u}, \qquad v = \frac{\partial \Psi}{\partial y} \tag{19.2-5}$$

が得られる. このような独立変数 (x, y) から独立変数 (u, y), 関数 Φ から関数 Ψ への変換を **Legendre 変換**とよぶ.

Lagrange の運動方程式 —— 運動法則の Lagrange 形式 —— では, 一般化された座標 q と一般化された速度 $\dot{q}$ とで運動を記述する方針をとった. $q, \dot{q}$ が t の関数として扱われるが, Legendre 変換ではこれら $q, \dot{q}$ を独立変数と考える. Hamilton の運動方程式 —— 運動法則の Hamilton 形式 —— では, 一般化された座標 q と一般化された運動量 p とで運動を記述する立場をとる.

Lagrange 形式では, (18.1-14) は

$$p = \frac{\partial L}{\partial \dot{q}}, \qquad \frac{dp}{dt} = \frac{\partial L}{\partial q}, \qquad L = L(q, \dot{q}\,;\,t) \tag{19.2-6}$$

と書くことができる. これは

$$dL = p\,d\dot{q} + \dot{p}\,dq \tag{19.2-7}$$

と書くのと同じことである. (19.2-2) と並べてみると

$$d\Phi = u\,dx + v\,dy$$
$$\updownarrow \quad \updownarrow\,\updownarrow \quad \updownarrow\,\updownarrow$$
$$dL = p\,d\dot{q} + \dot{p}\,dq$$

となり, 各変数, 関数は矢で示した対応をしている. この対応にしたがって (19.2-3) (Ψ を $-H$ と書く), (19.2-4) を書けば

$$-dH = \dot{p}\,dq - \dot{q}\,dp, \qquad H = H(q, p\,;\,t)$$

となるので

$$\dot{q} = \frac{\partial H}{\partial p}, \qquad \dot{p} = -\frac{\partial H}{\partial q}$$

となる. これは Hamilton の形式で書いた運動方程式にほかならない.

Legendre の変換は熱力学でも使われる.[2] 熱現象を研究するのに, 理論上または実験上の理由から温度 T と体積 V (温度と体積を変え, または一方を一

---

2) 原島鮮:「熱力学・統計力学 (改訂版)」(培風館, 1981) 67 ページ, 同付録 A.1.

定に保ちながら実験するとき）とを独立変換にとる場合と，温度 T と圧力 p（温度と圧力を変え，または一方を一定に保ちながら実験するとき）とを独立変数にとる場合とがある．前者の場合 Helmholtz の自由エネルギー A を，後者の場合 Gibbs の自由エネルギー G を関数にとる．

$$A = A(V, T)$$

に対しては

$$\text{圧力 } p = -\left(\frac{\partial A}{\partial V}\right)_T, \quad \text{エントロピー } S = -\left(\frac{\partial A}{\partial T}\right)_V {}^{1)}$$

である．独立変数を V, T から p, T に変え，同時に関数を

$$G = A + pV$$

で与えられるものに変えるのが Legendre 変換になっており，

$$V = \left(\frac{\partial G}{\partial p}\right)_T, \quad S = -\left(\frac{\partial G}{\partial T}\right)_p$$

が得られる．

§19.3　Hamiltonian の形

いろいろな基本的な場合の Hamiltonian を求めておこう．

（a）力を受けない1つの質点の運動

$$T = \frac{m}{2}(\dot{x}^2 + \dot{y}^2 + \dot{z}^2).$$

$$\therefore \ p_x = \frac{\partial T}{\partial \dot{x}} = m\dot{x}, \quad p_y = \frac{\partial T}{\partial \dot{y}} = m\dot{y}, \quad p_z = \frac{\partial T}{\partial \dot{z}} = m\dot{z}.$$

$$\therefore \ H = \frac{1}{2m}(p_x{}^2 + p_y{}^2 + p_z{}^2). \tag{19.3-1}$$

H は t を陽（あらわ）に含まないから $H = $ 一定．また，x, y, z は循環座標であるから

$$p_x = \text{一定}, \quad p_y = \text{一定}, \quad p_z = \text{一定}.$$

（b）保存力（位置エネルギー U）を受けている質点の運動

運動エネルギーは（a）の場合と同様．

---

1)　熱力学では変数の変換を頻繁に行なうので，$(\ )_V, (\ )_T$ のようにもう1つの変数（一定に保つ方）を示すのが習慣である．

$$H = \frac{1}{2m}(p_x{}^2 + p_y{}^2 + p_z{}^2) + U(x, y, z).\ ^{2)} \qquad (19.3\text{-}2)$$

H は t を含まないから $H = $ 一定.

(c) 前の問題で，U が原点からの距離 r だけの関数であるときには，極座標を使うのが便利である.

$$T = \frac{m}{2}(\dot{r}^2 + r^2\dot{\theta}^2 + r^2\sin^2\theta\ \dot{\varphi}^2). \qquad (19.3\text{-}3)$$

$$\therefore\ p_r = \frac{\partial T}{\partial \dot{r}} = m\dot{r}, \qquad p_\theta = \frac{\partial T}{\partial \dot{\theta}} = mr^2\dot{\theta}, \qquad p_\varphi = \frac{\partial T}{\partial \dot{\varphi}} = mr^2\sin^2\theta\ \dot{\varphi}.$$
$$(19.3\text{-}4)$$

したがって，

$$H = \frac{1}{2m}\left(p_r{}^2 + \frac{1}{r^2}\,p_\theta{}^2 + \frac{1}{r^2\sin^2\theta}\,p_\varphi{}^2\right) + U(r). \qquad (19.3\text{-}5)$$

この H に時間 t が陽に入っていないから

$$\frac{1}{2m}\left(p_r{}^2 + \frac{1}{r^2}\,p_\theta{}^2 + \frac{1}{r^2\sin^2\theta}\,p_\varphi{}^2\right) + U(r) = \text{一定}. \qquad (19.3\text{-}6)$$

また H には φ が入っていないから，φ は循環座標である．したがって

$$p_\varphi = mr^2\sin^2\theta\ \dot{\varphi} = \text{一定}. \qquad (19.3\text{-}7)$$

これは z 軸のまわりの角運動量が一定であること，いいかえると (x, y) 平面上での正射影の描く面積速度が一定であることを示している.

(d) こまの運動

一般座標として Euler の角 θ, φ, ψ（§13.5）を使う.

$$T = \frac{1}{2}A(\omega_1{}^2 + \omega_2{}^2) + \frac{1}{2}C\omega_3{}^2.$$

$$\omega_1 = \dot{\theta}\sin\psi - \dot{\varphi}\sin\theta\cos\psi,$$

$$\omega_2 = \dot{\theta}\cos\psi + \dot{\varphi}\sin\theta\sin\psi,$$

---

2) この H の式は Schrödinger の方程式を書き下すのに使われる．p_x を $\dfrac{\hbar}{i}\dfrac{\partial}{\partial x}$, p_y を $\dfrac{\hbar}{i}\dfrac{\partial}{\partial y}$, p_z を $\dfrac{\hbar}{i}\dfrac{\partial}{\partial z}$（$\hbar$ は Dirac のエイチ）でおきかえ，波動関数 u に作用させて波動方程式

$$-\frac{\hbar^2}{2m}\left(\frac{\partial^2 u}{\partial x^2} + \frac{\partial^2 u}{\partial y^2} + \frac{\partial^2 u}{\partial z^2}\right) + U(x, y, z)u = Eu$$

が得られる．原島鮮：「初等量子力学」（裳華房，1972）36 ページ.

$$\omega_3 = \dot{\psi} + \dot{\varphi}\cos\theta.$$

$$\therefore \quad T = \frac{1}{2}A(\dot{\theta}^2 + \dot{\varphi}^2\sin^2\theta) + \frac{1}{2}C(\dot{\psi} + \dot{\varphi}\cos\theta)^2.$$

したがって，

$$p_\theta = \frac{\partial T}{\partial\dot{\theta}} = A\dot{\theta},$$

$$p_\varphi = \frac{\partial T}{\partial\dot{\varphi}} = A\dot{\varphi}\sin^2\theta + C\cos\theta\,(\dot{\psi} + \dot{\varphi}\cos\theta),$$

$$p_\psi = \frac{\partial T}{\partial\dot{\psi}} = C(\dot{\psi} + \dot{\varphi}\cos\theta).$$

$$\therefore \quad \dot{\theta} = \frac{1}{A}\,p_\theta, \quad \dot{\psi} + \dot{\varphi}\cos\theta = \frac{1}{C}\,p_\psi, \quad \dot{\varphi} = \frac{p_\varphi - p_\psi\cos\theta}{A\sin^2\theta}.$$

これらから

$$H = \frac{1}{2A}\left\{p_\theta{}^2 + \frac{(p_\varphi - p_\psi\cos\theta)^2}{\sin^2\theta}\right\} + \frac{p_\psi{}^2}{2C} + Mgh\cos\theta.$$

φ, ψ は循環座標．したがって

$$p_\varphi = A\dot{\varphi}\sin^2\theta + C\cos\theta\,(\dot{\psi} + \dot{\varphi}\cos\theta) = \text{一定},$$

$$p_\psi = C(\dot{\psi} + \dot{\varphi}\cos\theta) = \text{一定}.$$

第 2 の式から

$$\dot{\psi} + \dot{\varphi}\cos\theta = n$$

とおけば，第 1 の式は

$$A\dot{\varphi}\sin^2\theta + Cn\cos\theta = \text{一定}$$

となる．$p_\theta, p_\varphi, p_\psi$ は広義運動量であるが，これらは次の意味を持つ．13.6-1 図（「力学 I」の 236 ページ）で

節線のまわりの角運動量は　$A\omega_1\sin\psi + A\omega_2\cos\psi = A\dot{\theta} = p_\theta.$

ζ 軸の　　　〃　　　$C\omega_3 = C(\dot{\psi} + \dot{\varphi}\cos\theta) = p_\psi.$

z 軸の　　　〃　　　$-A\omega_1\cos\psi\sin\theta + A\omega_2\sin\psi\sin\theta$

$$+ C\omega_3\cos\theta = p_\varphi.$$

例題 1　外力を受けないで相互の作用だけがある質点系の Hamiltonian を，1 つの質点の直角座標 (x_1, y_1, z_1) とこれに相対的な他の質点の座標を一般座標

として求め，x_1, y_1, z_1 が循環座標であることを使ってこれに対する運動方程
式の積分を求め，これを解釈せよ．

解 一般座標 $x_1, y_1, z_1, x_2' = x_2 - x_1, \; y_2' = y_2 - y_1, \; z_2' = z_2 - z_1, \cdots$.

$$T = \frac{1}{2} m_1(\dot{x}_1{}^2 + \dot{y}_1{}^2 + \dot{z}_1{}^2) + \sum_{i=2}^{n} \frac{m_i}{2}\{(\dot{x}_1 + \dot{x}_i')^2 + (\dot{y}_1 + \dot{y}_i')^2 + (\dot{z}_1 + \dot{z}_i')^2\},$$

$$p_{x_1} = \frac{\partial T}{\partial \dot{x}_1} = m_1 \dot{x}_1 + \sum_{i=2}^{n} m_i(\dot{x}_1 + \dot{x}_i'),$$

$$p_{x_i'} = \frac{\partial T}{\partial \dot{x}_i'} = m_i(\dot{x}_1 + \dot{x}_i') \qquad (i = 2, \cdots, n).$$

したがって

$$\frac{m_i}{2}(\dot{x}_1 + \dot{x}_i')^2 = \frac{1}{2m_i} p_{x_i}{}^2 \qquad (i = 2, \cdots, n).$$

$$m_1 \dot{x}_1 = p_{x_1} - \sum_{i=2}^{n} p_{x_i'}. \qquad \therefore \; \frac{1}{2} m_1 \dot{x}_1{}^2 = \frac{1}{2m_1}\Big(p_{x_1} - \sum_{i=2}^{n} p_{x_i'}\Big)^2.$$

$$\therefore \; H = \frac{1}{2m_1}\left\{\Big(p_{x_1} - \sum_{i=2}^{n} p_{x_i'}\Big)^2 + \Big(p_{y_1} - \sum_{i=2}^{n} p_{y_i'}\Big)^2 + \Big(p_{z_1} - \sum_{i=2}^{n} p_{z_i'}\Big)^2\right\}$$

$$+ \sum_{i=2}^{n} \frac{1}{2m_i}(p_{x_i'}{}^2 + p_{y_i'}{}^2 + p_{z_i'}{}^2) + U(x_2', y_2', z_2', \cdots, x_n', y_n', z_n').$$

これには x_1, y_1, z_1 が含まれていないから，これは循環座標である．したがって

$$p_{x_1} = m_1 \dot{x}_1 + \sum_{i=2}^{n} m_i(\dot{x}_1 + \dot{x}_i') = \sum_{i=1}^{n} m_i \dot{x}_i = 一定,$$

$$p_{y_1} \qquad\qquad\qquad = \sum_{i=1}^{n} m_i \dot{y}_i = 一定,$$

$$p_{z_1} \qquad\qquad\qquad = \sum_{i=1}^{n} m_i \dot{z}_i = 一定.$$

これらは質点系の運動量保存の法則にほかならない．　◆

例題2 外力の働かない質点系を，1つの基準慣性系 S_0 に対して一定の速度
$V_0(u_0, v_0, w_0)$ を持つもう1つの慣性系 S からみるとき，この相対座標を一般
座標として，Hamiltonian を求めよ．

解 S の原点を S_0 からみたときの座標を (x_0, y_0, z_0) とし，これに相対的な各点
の座標を x_i, y_i, z_i とする．

S_0 からみた運動エネルギーは

$$T = \sum_i \frac{1}{2} m_i\{(u_0 + \dot{x}_i)^2 + (v_0 + \dot{y}_i)^2 + (w_0 + \dot{z}_i)^2\}$$

である．S からみた座標（相対座標）x_i, y_i, z_i に共役な一般化された運動量は

$$\left. \begin{aligned} p_{x_i} &= \frac{\partial T}{\partial \dot{x}_i} = m_i(u_0 + \dot{x}_i), \\ p_{y_i} &= \frac{\partial T}{\partial \dot{y}_i} = m_i(v_0 + \dot{y}_i), \\ p_{z_i} &= \frac{\partial T}{\partial \dot{z}_i} = m_i(w_0 + \dot{z}_i). \end{aligned} \right\} \tag{1}$$

これらは S_0 からみた運動量に等しい．Hamiltonian をその定義から求める．

$$H = \sum_i (p_{x_i}\dot{x}_i + p_{y_i}\dot{y}_i + p_{z_i}\dot{z}_i) - T + U(x_1, y_1, z_1, \cdots, x_n, y_n, z_n)$$

$$= \sum_i \frac{1}{2m_i}(p_{x_i}{}^2 + p_{y_i}{}^2 + p_{z_i}{}^2) + U(x_1, y_1, z_1, \cdots, x_n, y_n, z_n)$$

$$- \left(u_0\sum_i p_{x_i} + v_0\sum_i p_{y_i} + w_0\sum_i p_{z_i}\right). \tag{2}$$

右辺の第1項は静止座標系 S_0 からみた運動に対する運動エネルギーで，これと第2項とを加え合わせたものは保存される（S_0 に対する力学的エネルギー保存の法則）．また，H は t を含まないから

$$H = 一定. \tag{3}$$

S からみた運動に対する全エネルギーは

$$\sum_i \frac{1}{2} m_i \left\{ \left(\frac{p_{x_i}}{m_i} - u_0\right)^2 + \left(\frac{p_{y_i}}{m_i} - v_0\right)^2 + \left(\frac{p_{z_i}}{m_i} - w_0\right)^2 \right\}$$

$$+ U(x_1, y_1, z_1, \cdots, x_n, y_n, z_n)$$

$$= \sum_i \frac{1}{2m_i}(p_{x_i}{}^2 + p_{y_i}{}^2 + p_{z_i}{}^2) + U(x_1, y_1, z_1, \cdots, x_n, y_n, z_n)$$

$$- \left(u_0\sum_i p_{x_i} + v_0\sum_i p_{y_i} + w_0\sum_i p_{z_i}\right) + \frac{1}{2}M(u_0{}^2 + v_0{}^2 + w_0{}^2)$$

である．このように H は S_0 からみた運動に対する全エネルギーでもなく，S からみた運動に対する全エネルギーでもない．しかも保存されるのである．

(3) によって (2) の値が保存されること，(2) の右辺の S_0 に対する力学的エネルギー保存の法則が成り立つことから，(2) の第3項が一定であることがわかる．

$$\left(\sum_i p_{x_i}\right)u_0 + \left(\sum_i p_{y_i}\right)v_0 + \left(\sum_i p_{z_i}\right)w_0 = 一定.$$

u_0, v_0, w_0 の値には何をとっても上の式は時間に対して一定であるから，$u_0, v_0,$

w_0 の係数がそうでなければならない. すなわち,

$$\sum_i p_{x_i} = \text{一定}, \qquad \sum_i p_{y_i} = \text{一定}, \qquad \sum_i p_{z_i} = \text{一定}.$$

これらは S_0 からみた運動量が保存されることを示す.　◆

─────────── **第19章　問　題** ───────────

1 外力を受けないで相互作用だけがある質点系の位置を円柱座標で表わし, 第1の質点の方位角を φ_1, 他の質点の方位角は $\varphi_i' = \varphi_i - \varphi_1$ を使う. Hamiltonian をつくり, φ_1 が循環座標であることから角運動量保存の法則を導け.

2 §18.5 の説明にある帯電粒子の Hamiltonian をつくれ.

20 正準変換

§20.1 正準変換

第19章では Lagrange の運動方程式から出発して正準方程式を導いたのであるが，これをもう1度書けば

$$
\left.
\begin{aligned}
\frac{dq_r}{dt} &= \frac{\partial H}{\partial p_r}, \\
\frac{dp_r}{dt} &= -\frac{\partial H}{\partial q_r}, \\
H &= \sum p_r \dot{q}_r - L = H(q_1, \cdots, q_f, p_1, \cdots, p_f ; t)
\end{aligned}
\right\}
\tag{20.1-1}
$$

である.

いまはじめから，他の一般化された座標 $Q_1, \cdots, Q_f$ と，それらに対する一般化された運動量 $P_1, \cdots, P_f$ を使ったとすれば，(20.1-1) を導いたのとまったく同様にして

$$
\left.
\begin{aligned}
\frac{dQ_r}{dt} &= \frac{\partial \overline{H}}{\partial P_r}, \\
\frac{dP_r}{dt} &= -\frac{\partial \overline{H}}{\partial Q_r}, \\
\overline{H} &= \sum P_r \dot{Q}_r - L = \overline{H}(Q_1, \cdots, Q_f, P_1, \cdots, P_f ; t)
\end{aligned}
\right\}
\tag{20.1-2}
$$

となる. これら2組の座標の間の関係を

$$
q_1 = q_1(Q_1, \cdots, Q_f ; t), \quad \cdots, \quad q_f = q_f(Q_1, \cdots, Q_f ; t)
\tag{20.1-3}
$$

とし，これに対応する運動量 $p_1, \cdots, p_f$ と $P_1, \cdots, P_f$ の間の関係を

$$p_1 = p_1(P_1, \cdots, P_f ; t), \qquad \cdots, \qquad p_f = p_f(P_1, \cdots, P_f ; t)$$

$$(20.1\text{-}3)'$$

としよう．(20.1-1)，(20.1-2) は別々に Lagrange の運動方程式から導き出したと考えたのであるが，(20.1-1) に (20.1-3)，(20.1-3)$'$ の変換を行なって (20.1-2) が導かれたと考えてもよい．

いま，1組の連立微分方程式があるとして，その変数に任意の変換を行なって新しい変数で書き直すとしよう．このとき，はじめの変数による微分方程式の形が新しい変数についてもそのまま成り立つということは一般にはいえないことであるが，(20.1-3) の変数変換によれば，新しい変数 $P_1, \cdots, P_f, Q_1, \cdots, Q_f$ についても古い変数 $p_1, \cdots, p_f, q_1, \cdots, q_f$ について成り立つところの (20.1-1) とまったく同じ形の方程式 (20.1-2) が成り立つことがわかる．(20.1-3)，(20.1-3)$'$ の変換を**点変換**（point transformation）とよぶ．

点変換では座標が座標に，運動量が運動量に変換されるのであるが，もっと一般的な変換

$$\left.\begin{aligned}
q_1 &= q_1(Q_1, \cdots, Q_f, P_1, \cdots, P_f ; t), \\
&\quad\cdots\cdots \\
q_f &= q_f(Q_1, \cdots, Q_f, P_1, \cdots, P_f ; t), \\
p_1 &= p_1(Q_1, \cdots, Q_f, P_1, \cdots, P_f ; t), \\
&\quad\cdots\cdots \\
p_f &= p_f(Q_1, \cdots, Q_f, P_1, \cdots, P_f ; t)
\end{aligned}\right\}$$

$$(20.1\text{-}4)$$

を考えよう．q が Q に，p が P にというのではなく，q, p がまぜこぜに Q, P に変換されるのであるから，変数を通し番号にして $x_1, \cdots, x_{2f}$ を $X_1, \cdots, X_{2f}$ に変えるという形に書いてもよい．ただし，Hamilton の正準方程式で q と p とはまったく対称ではなく，符号の点で役割がちがうため，$x_1, \cdots, x_{2f}, X_1, \cdots, X_{2f}$ と書いても q, Q 的な性質を持つ変数と，p, P 的な性質を持つ変数とに分けられる．$x_1, \cdots, x_{2f}, X_1, \cdots, X_{2f}$ で q, Q 的な役割を持つ変数を $q_1, \cdots, q_f, Q_1, \cdots, Q_f$ と書き，p, P 的な役割を持つ変数を $p_1, \cdots, p_f, P_1, \cdots, P_f$ と書くことにすれば，いままでの記号はそのまま使い続けることができよう．

これからの問題は，1組の $q_1, \cdots, q_f, p_1, \cdots, p_f$ から他の1組の $Q_1, \cdots, Q_f, P_1, \cdots,$

P_f に変換するとき，（20.1-1）が（20.1-2）の形に変換されるための条件を求めることである．そのような変換を**正準変換**（canonical transformation）とよぶ．

§20.2 Hamilton の原理の変形

いま，Hamilton の原理（第 17 章）で出てきた

$$\int_{t_1}^{t_2} L\,dt = \int_{t_1}^{t_2}\{\sum p_r \dot{q}_r - H(q, p\,;\,t)\}dt \qquad (20.2\text{-}1)$$

という積分を考える．Hamilton の原理では，$q_1, \cdots, q_f$ のつくる f 次元の空間でおのおのの t に対し $\delta q_1, \cdots, \delta q_f$ をとったので，これに対応して $\dot{q}_1, \cdots, \dot{q}_f$ の変分も自然にきまるのであるが，これからは変数 $p_1, \cdots, p_f, q_1, \cdots, q_f$ の $2f$ 個をとり，これらのつくる $2f$ 次元の空間で，$2f$ 個の変分をとって

$$\delta \int_{t_1}^{t_2} L\,dt = 0 \qquad (20.2\text{-}2)$$

にならせることを考える．すなわち，変分法の問題としては Hamilton の原理の変分のとり方とちがうとり方を行なう．$t = t_1$ と $t = t_2$ とではやはり

$$\delta q_1 = 0, \quad \cdots, \quad \delta q_f = 0 \qquad (20.2\text{-}3)$$

であるとするが $\delta p_1, \cdots, \delta p_f$ には制限はおかない．（20.2-2）は

$$\delta \int_{t_1}^{t_2}\{\sum p_r \dot{q}_r - H(q, p\,;\,t)\}dt = 0 \qquad (20.2\text{-}4)$$

となる．

§15.1 の導き方と同様にしてこの変分法の問題に対する微分方程式（これも Euler の微分方程式とよぼう）を求める．（20.2-4）は

$$\int_{t_1}^{t_2}\left\{\sum\left(p_r \delta\dot{q}_r + \dot{q}_r \delta p_r - \frac{\partial H}{\partial q_r}\delta q_r - \frac{\partial H}{\partial p_r}\delta p_r\right)\right\}dt = 0 \quad (20.2\text{-}4)'$$

となる．$\delta\dot{q}_r = \dfrac{d}{dt}(\delta q_r)$ であるが，部分積分法を使い，$t = t_1, t_2$ で $\delta q_r = 0$ であることを考えて

$$\int_{t_1}^{t_2} p_r \delta\dot{q}_r\,dt = \Big[p_r \delta q_r\Big]_{t_1}^{t_2} - \int_{t_1}^{t_2}\dot{p}_r \delta q_r\,dt = -\int_{t_1}^{t_2}\dot{p}_r \delta q_r\,dt.$$

（20.2-4）$'$ の被積分関数には $\dot{p}_r$ がないから，（20.2-3）に相当する $t = t_1, t_2$ で $\delta p_1 = 0, \cdots, \delta p_f = 0$ の条件は不要である．したがって，

$$\int_{t_1}^{t_2}\Big[\sum_r\Big\{\Big(-\dot{p}_r-\frac{\partial H}{\partial q_r}\Big)\delta q_r+\Big(\dot{q}_r-\frac{\partial H}{\partial p_r}\Big)\delta p_r\Big\}\Big]dt=0$$

となる．これから Hamilton の正準方程式（20.1-1）が得られる．つまり

正準方程式（20.1-1）と変分法の問題[1]：

$$\left.\begin{aligned}&\delta\int_{t_1}^{t_2}\{\textstyle\sum p_r\dot{q}_r-H(q,p\,;\,t)\}dt=0,\\&\text{ただし } p_r=p_r(t),\ q_r=q_r(t)\text{ は互いに独立で}\\&\qquad t=t_1,t_2\ \text{で}\ \delta q_1=\cdots=\delta q_f=0\end{aligned}\right\} \qquad(20.2\text{-}5)$$

とは同等である

ことになる．（20.2-5）の変分原理は Hamilton の原理を与える変分原理とは似ているが，ちがうものであるので，**変形された Hamilton の原理**（modified Hamilton's principle）とよぶ．Hamilton の原理に対する Euler の微分方程式が Lagrange の運動方程式であるのに対して，変形された Hamilton の原理に対する Euler の微分方程式は正準方程式である．

§20.3 正準変換の母関数

前の節で，1 組の正準変数に対して

$$\left.\begin{aligned}\frac{dq_r}{dt}&=\frac{\partial H}{\partial p_r},\\\frac{dp_r}{dt}&=-\frac{\partial H}{\partial q_r}\end{aligned}\right\} \qquad(20.3\text{-}1)$$

$$\text{変分原理}$$
$$\rightleftharpoons\qquad \delta\int_{t_1}^{t_2}\{\textstyle\sum p_r\dot{q}_r-H(q,p\,;\,t)\}dt=0,\quad(20.3\text{-}2)$$
$$t=t_1,t_2\ \text{で}\ \delta q_1=\cdots=\delta q_f=0$$

であり，他の 1 組の正準変数に対して

---

1)　変分原理（20.2-5）というようによぶこともある．

$$\left.\begin{array}{l} \dfrac{dQ_r}{dt} = \dfrac{\partial \overline{H}}{\partial P_r}, \\[3mm] \dfrac{dP_r}{dt} = -\dfrac{\partial \overline{H}}{\partial Q_r} \end{array}\right\} \tag{20.3-3}$$

変分原理

$$\Longleftrightarrow \qquad \delta \int_{t_1}^{t_2} \{\textstyle\sum P_r \dot{Q}_r - \overline{H}(Q, P : t)\} dt = 0 \tag{20.3-4}$$

の正準方程式, 変分原理 (変形された Hamilton の原理) の同等性を学んだ. これでみると, (20.3-1) から (20.3-3) に変換することを考えることは, (20.3-2) から (20.3-4) への変換を考えることと同等であることがわかる.[1] すなわち, (20.3-2), (20.3-4) のどちらか一方が成り立つときに他が自然に成り立つ条件を求めればよいことがわかる. それには

$$\textstyle\sum p_r \dot{q}_r - H(q, p : t) = \sum P_r \dot{Q}_r - \overline{H}(Q, P : t)$$

ならばよいが, 一般には, $q_1, \cdots, q_f, Q_1, \cdots, Q_f : t$ の任意の関数 F を考えて,

$$\textstyle\sum p_r \dot{q}_r - H(q, p : t)$$

$$= \textstyle\sum P_r \dot{Q}_r - \overline{H}(Q, P : t) + \dfrac{d}{dt} F(q_1, \cdots, q_f, Q_1, \cdots, Q_f : t)$$

$$\tag{20.3-5}$$

が条件となる. dF/dt を積分すれば $F(q_1(t_2), \cdots, q_f(t_2), Q_1(t_2), \cdots, Q_f(t_2) : t_2) - F(q_1(t_1), \cdots, q_f(t_1), Q_1(t_1), \cdots, Q_f(t_1) : t_1)$ となるが, $t = t_1, t_2$ での $\delta q, \delta Q$ は 0 ととるからである.

(20.3-5) に dt を掛ければ

$$dF = \textstyle\sum p_r dq_r - \sum P_r dQ_r - (H - \overline{H}) dt. \tag{20.3-6}$$

すなわち, $\sum p_r dq_r - \sum P_r dQ_r - (H - \overline{H}) dt$ が 1 つの関数 F の全微分となることが $(p, q) \to (P, Q)$ の変換が正準であることの条件である. これは $F(q_1, \cdots, q_f, Q_1, \cdots, Q_f : t)$ の全微分を与えるものであるから

---

[1]　Hamilton の正準方程式をこれと同等な積分原理でおきかえてから変換をしないで, Hamilton の原理までさかのぼって変換を行なう方法は H. C. Corben and Philip Stehle: *Classical Mechanics*, 2nd ed. (John Wiley & Sons, 1960) 172 ページ以下.

$$p_r = \frac{\partial}{\partial q_r} F(q_1, \cdots, q_f, Q_1, \cdots, Q_f \,;\, t),$$

$$P_r = -\frac{\partial}{\partial Q_r} F(q_1, \cdots, q_f, Q_1, \cdots, Q_f \,;\, t),$$

$$H - \overline{H} = -\frac{\partial}{\partial t} F(q_1, \cdots, q_f, Q_1, \cdots, Q_f \,;\, t)$$

$$(20.3\text{-}7)$$

となる。F に t が陽に含まれなければ $\overline{H} = H$ である。(20.3-7) は点変換ではなく，$q_1, \cdots, q_f, p_1, \cdots, p_f, Q_1, \cdots, Q_f, P_1, \cdots, P_f$ がごちゃまぜになっていることがわかる。(20.3-7) が正準変換とよばれるものの 1 つの場合である。

$F(q_1, \cdots, q_f, Q_1, \cdots, Q_f \,;\, t)$ を与えれば (20.3-7) の変換がきまるので，F を**母関数**（generating function）とよぶ。これを変数で偏微分することによって $p_r, P_r, \overline{H}$ が与えられるのである。

例題 線形調和振動子の Hamiltonian は

$$H = \frac{1}{2m} p^2 + \frac{1}{2} m\omega^2 x^2$$

であるが，単位を変更して $H = (1/2)(p^2 + q^2)$ と書き，

$$F = \frac{1}{2} q^2 \cot Q$$

として $(q, p) \to (Q, P)$ の変換を行なえ。

解

$$p = \frac{\partial F}{\partial q} = q \cot Q,$$

$$P = -\frac{\partial F}{\partial Q} = \frac{1}{2} q^2 \operatorname{cosec}^2 Q.$$

$$(1)$$

新しい Hamiltonian を $\overline{H}$ とすれば

$$\overline{H} = H = \frac{1}{2}(p^2 + q^2) = \frac{1}{2}(q^2 \cot^2 Q + q^2) = \frac{1}{2} q^2 \operatorname{cosec}^2 Q$$

$$= P$$

となる。正準方程式は

$$\frac{dQ}{dt} = \frac{\partial H}{\partial P} = 1,$$

$$\frac{dP}{dt} = -\frac{\partial H}{\partial Q} = 0.$$

したがって，$P = $ 一定 $= \alpha$，$Q = t + \beta$ とすぐに解けてしまう。(1) に代入す

れば

$$\frac{1}{2}q^2 \csc^2(t+\beta) = \alpha.$$

これから

$$q = a\sin(t+\beta)$$

の形になることがわかる. このように $p, q \to P, Q$ の変換によって新しい Hamiltonian の中に Q が入らないようにし, したがって正準方程式をすぐ解かれる形にすることができる. ◆

これから導くいろいろな形の母関数を表わす便宜上, (20.3-7) の F を W と書き直しておこう.

$$\left.\begin{array}{l} p_r = \dfrac{\partial}{\partial q_r} W(q_1, \cdots, q_f, Q_1, \cdots, Q_f\,;\,t), \\[2mm] P_r = -\dfrac{\partial}{\partial Q_r} W(q_1, \cdots, q_f, Q_1, \cdots, Q_f\,;\,t), \\[2mm] \overline{H} = H + \dfrac{\partial}{\partial t} W(q_1, \cdots, q_f, Q_1, \cdots, Q_f\,;\,t). \end{array}\right\} \tag{20.3-7$'$}$$

(20.3-6) で

$$F = W - \sum P_r Q_r \tag{20.3-8}$$

とおく.

$$dW = \sum p_r dq_r + \sum Q_r dP_r - (H - \overline{H})dt \tag{20.3-9}$$

となる. これによると, p_r は, W で $P_i, q_i (i \neq r), t$ を一定にして q_r だけを変えたときの W の増す割合に等しいことがわかる.

$$\left.\begin{array}{l} p_r = \dfrac{\partial}{\partial q_r} W(q_1, \cdots, q_f, P_1, \cdots, P_f\,;\,t), \\[2mm] Q_r = \dfrac{\partial}{\partial P_r} W(q_1, \cdots, q_f, P_1, \cdots, P_f\,;\,t), \\[2mm] \overline{H} = H + \dfrac{\partial}{\partial t} W(q_1, \cdots, q_f, P_1, \cdots, P_f\,;\,t). \end{array}\right\} \tag{20.3-10}$$

これが母関数を q と P で与えたときの正準変換である.

(20.3-6) で

$$F = W + \sum_r p_r q_r \tag{20.3-11}$$

とおく.

$$dW = -\sum P_r\, dQ_r - \sum q_r\, dp_r - (H - \overline{H})dt. \qquad (20.3\text{-}12)$$

これから母関数 $W(Q_1, \cdots, Q_f, p_1, \cdots, p_f \,;\, t)$ による正準変換

$$\left.\begin{aligned}
P_r &= -\frac{\partial}{\partial Q_r} W(Q_1, \cdots, Q_f, p_1, \cdots, p_f \,;\, t), \\[2mm]
q_r &= -\frac{\partial}{\partial p_r} W(Q_1, \cdots, Q_f, p_1, \cdots, p_f \,;\, t), \\[2mm]
\overline{H} &= H + \frac{\partial}{\partial t} W(Q_1, \cdots, Q_f, p_1, \cdots, p_f \,;\, t)
\end{aligned}\right\} \qquad (20.3\text{-}13)$$

が得られる.

最後に (20.3-6) で

$$F = W - \sum P_r Q_r + \sum p_r q_r \qquad (20.3\text{-}14)$$

とおいて, 母関数 $W(p_1, \cdots, p_f, P_1, \cdots, P_f \,;\, t)$ による正準変換

$$\left.\begin{aligned}
Q_r &= \frac{\partial}{\partial P_r} W(p_1, \cdots, p_f, P_1, \cdots, P_f \,;\, t), \\[2mm]
q_r &= -\frac{\partial}{\partial p_r} W(p_1, \cdots, p_f, P_1, \cdots, P_f \,;\, t), \\[2mm]
\overline{H} &= H + \frac{\partial}{\partial t} W(p_1, \cdots, p_f, P_1, \cdots, P_f \,;\, t).
\end{aligned}\right\} \qquad (20.3\text{-}15)$$

以上, 母関数 W を $(q, Q), (q, P), (Q, p), (p, P)$ の各組で表わしたときの正準変換が得られたが, みな似ている. 符号は W を q で偏微分したものは正になっているが, 他は q が大文字に, あるいは q から p に, Q から P に変えると符号がこれにともなって変わると記憶すればよい.

W に簡単な関数をとったときの正準変換の例を示そう.

1. $W = \sum q_r P_r$

$$p_r = \frac{\partial W}{\partial q_r} = P_r, \qquad Q_r = \frac{\partial W}{\partial P_r} = q_r.$$

これは変数を変えないので恒等変換とよばれる.

2. $W = p_x r \sin\theta \cos\varphi + p_y r \sin\theta \sin\varphi + p_z r \cos\theta, \ \ r, \theta, \varphi \,:$ 極座標

　　この場合 x, y, z を $Q_1, Q_2, Q_3 \,;\, r, \theta, \varphi$ を q_1, q_2, q_3 とみなす.

$$x = \frac{\partial W}{\partial p_x} = r \sin\theta \cos\varphi,$$

$$y = \frac{\partial W}{\partial p_y} = r \sin\theta \sin\varphi,$$

$$z = \frac{\partial W}{\partial p_z} = r \cos\theta.$$

$$p_r = \frac{\partial W}{\partial r} = p_x \sin\theta \cos\varphi + p_y \sin\theta \sin\varphi + p_z \cos\theta,$$

$$p_\theta = \frac{\partial W}{\partial \theta} = p_x r \cos\theta \cos\varphi + p_y r \cos\theta \sin\varphi - p_z r \sin\theta,$$

$$p_\varphi = \frac{\partial W}{\partial \varphi} = -p_x r \sin\theta \sin\varphi + p_y r \sin\theta \cos\varphi.$$

3. $W = \sum q_r Q_r$

$$p_r = \frac{\partial W}{\partial q_r} = Q_r, \qquad P_r = -\frac{\partial W}{\partial Q_r} = -q_r.$$

この例では新しい変数の Q_r はもとの変数の運動量 p_r に等しい。また，新しい P_r はもとの座標 q_r の符号を変えたものになっている。このことからみても，正準変換を行なうとき"座標"とか"運動量"とかいうことばで正準変数を分類することが不自然になっていくことがわかる。

　この節の最後に 2 つの正準変換を引続き行なった結果は，やはり 1 つの正準変換になっていることを示そう。次々の変換を $(q, p) \to (q', p') \to (q'', p'')$ としよう。正準変換の条件を（20.3-6）の形で書く。

　$(q, p) \to (q', p')$：Hamiltonian $H \to H'$,

$$dF = \sum p_r dq_r - \sum p_r' dq_r' - (H - H')dt. \qquad (20.3\text{-}16)$$

　$(q', p') \to (q'', p'')$：Hamiltonian $H' \to H''$,

$$dG = \sum p_r' dq_r' - \sum p_r'' dq_r'' - (H' - H'')dt. \qquad (20.3\text{-}17)$$

（20.3-16）＋（20.3-17）をつくる。

$$d(F + G) = \sum p_r dq_r - \sum p_r'' dq_r'' - (H - H'')dt. \quad (20.3\text{-}18)$$

このことは $(q, p) \to (q'', p'')$ の変換が正準であることを示している。

§20.4　Hamilton-Jacobi の偏微分方程式

正準変換によって得られる新しい Hamiltonian $\overline{H}$ の関数形が，新しい変数の
どれかを含まないとか，あるいは進んで，定数になる場合などには正準方程式
は簡単に積分できる．そのことは体系の運動の積分がなされるということであ
る．正準変換をこの目的に使うことを考えよう．[1]

もっとも簡単になってしまうのが，$\overline{H}$ が 0 になってしまうときであろう．そ
のときの母関数をさがそう．

$$W = W(q_1, \cdots, q_f, P_1, \cdots, P_f \,;\, t) \tag{20.4-1}$$

とする．正準変換は

$$p_r = \frac{\partial}{\partial q_r} W(q_1, \cdots, q_f, P_1, \cdots, P_f \,;\, t), \tag{20.4-2}$$

$$Q_r = \frac{\partial}{\partial P_r} W(q_1, \cdots, q_f, P_1, \cdots, P_f \,;\, t). \tag{20.4-3}$$

また $\overline{H} = 0$ の条件として，

$$\frac{\partial}{\partial t} W(q_1, \cdots, q_f, P_1, \cdots, P_f \,;\, t) = -H(q_1, \cdots, q_f, p_1, \cdots, p_f \,;\, t).$$
$$\tag{20.4-4}$$

$\overline{H} = 0$ であるから，正準方程式は

$$\frac{dP_r}{dt} = -\frac{\partial \overline{H}}{\partial Q_r} = 0. \quad \therefore\ P_r = 一定 = \alpha_r \tag{20.4-5}$$

となる．(20.4-2) と (20.4-5) とを (20.4-4) に代入すれば

$$\frac{\partial}{\partial t} W(q_1, \cdots, q_f, \alpha_1, \cdots, \alpha_f \,;\, t) + H\!\left(q_1, \cdots, q_f, \frac{\partial W}{\partial q_1}, \cdots, \frac{\partial W}{\partial q_f} \,;\, t\right) = 0$$
$$\tag{20.4-6}$$

となる．これが W の満足する方程式で，**Hamilton-Jacobi の偏微分方程式**と
よび，W を **Hamilton の主関数** (principal function) とよぶ．微分方程式の立
場からみると，$\alpha_1, \cdots, \alpha_f$ はこの偏微分方程式の完全解の積分定数である．(20.
4-6) で独立変数は $q_1, \cdots, q_f, t$ の $f + 1$ 個であるから，積分定数は $f + 1$ 個あ
るはずであるが，実際 $\alpha_1, \cdots, \alpha_f$ の他にもう 1 つ $W(q_1, \cdots, q_f, \alpha_1, \cdots, \alpha_f \,;\, t) +$

---

1)　正準変換の他の見方は §20.7 に説明する．

α_{f+1} の形で付加される α_{f+1} という定数（additive constant）があることは（20. 4-6）が W をその微係数だけの形で含んでいることからわかる.

（20.4-5）でみるように P_r は一定であるが, Q_r も同様に一定である. つまり, 新しい変数については積分がなされてしまって,

$$P_r = \alpha_r, \qquad Q_r = \beta_r, \qquad \alpha_r, \beta_r : 定数$$

となる. これを（20.4-2）,（20.4-3）に入れれば, もとの変数 p_r, q_r を時間の関数として表わすことができる. つまり,

$$\left. \begin{array}{l} p_r = \dfrac{\partial}{\partial q_r} W(q_1, \cdots, q_f, \alpha_1, \cdots, \alpha_f \,;\, t), \\[2mm] \beta_r = \dfrac{\partial}{\partial \alpha_r} W(q_1, \cdots, q_f, \alpha_1, \cdots, \alpha_f \,;\, t). \end{array} \right\} \qquad (20.4\text{-}7)$$

微分方程式（20.4-6）は $H(p, q, t)$ の形がわかっていればすぐつくることができるが, これを解くことが力学の問題を解くことと同値となる.

H に t が陽に含まれないときには,（20.4-6）は

$$\frac{\partial W}{\partial t} + H\Big(q_1, \cdots, q_f, \frac{\partial W}{\partial q_1}, \cdots, \frac{\partial W}{\partial q_f}\Big) = 0 \qquad (20.4\text{-}8)$$

となるが, このような場合には

$$W = \Theta(t) + S(q_1, q_2, \cdots, q_f) \qquad (20.4\text{-}9)$$

とおく. $\Theta(t)$ は t だけの関数で, S は t を含まないものとする. すなわち, 変数を分離することができる.（20.4-8）に代入すれば,

$$\frac{d\Theta}{dt} + H\Big(q_1, \cdots, q_f, \frac{\partial S}{\partial q_1}, \cdots, \frac{\partial S}{\partial q_f}\Big) = 0.$$

第 1 項は t だけの関数, 第 2 項は $q_1, \cdots, q_f$ の関数で t を含まないから, この式が $t, q_1, \cdots, q_f$ の値にかかわらず成り立つためには, おのおのが定数でなければならない. したがって,

$$\frac{d\Theta}{dt} = 定数 = -E. \quad \therefore \ \Theta = -Et + 定数. \qquad (20.4\text{-}10)$$

また S は

$$H\Big(q_1, \cdots, q_f, \frac{\partial S}{\partial q_1}, \cdots, \frac{\partial S}{\partial q_f}\Big) = E \qquad (20.4\text{-}11)$$

から求められる. この解には付加定数がつくが, これを除いた定数を $\alpha_2, \cdots, \alpha_f$

とすれば

$$S = S(q_1, q_2, \cdots, q_f, \alpha_2, \cdots, \alpha_f)$$

となり,

$$W = -Et + S(q_1, q_2, \cdots, q_f, \alpha_2, \cdots, \alpha_f) \qquad (20.4\text{-}12)$$

となる.（20.4-11）も **Hamilton-Jacobi の偏微分方程式**とよばれる.

　ところで実際に（20.4-11）を解くとき, 変数分離の方法を使うのがふつうであるが, そのようなとき, 付加的な定数を考えなくても, f 個の積分定数を使う方が便利なことがある. それは $q_1, \cdots, q_f$ に対して対称的な扱い方をするのが便利な場合である. このような定数を $\alpha_1, \cdots, \alpha_f$ の f 個とし, それに E を加えて $f+1$ 個の積分定数（付加的でない定数）を考え, その上で E と $\alpha_1, \cdots, \alpha_f$ の間に 1 つの関係があると考えればよい.

$$E = E(\alpha_1, \alpha_2, \cdots, \alpha_f). \qquad (20.4\text{-}13)$$

このようなことをわざわざしたくないときには,（20.4-13）の関係を $E = \alpha_1$ とすれば, 付加的でない積分定数は $E, \alpha_2, \cdots, \alpha_f$ の f 個となる. とにかく, Hamilton-Jacobi の偏微分方程式（20.4-8）の完全解は

$$\left.\begin{array}{l} W = -Et + S(q_1, \cdots, q_f, \alpha_1, \cdots, \alpha_f), \\ E = E(\alpha_1, \cdots, \alpha_f) \end{array}\right\} \qquad (20.4\text{-}14)$$

となる.

　これを（20.4-2）,（20.4-3）に入れ, $P_r = \alpha_r$, $Q_r = \beta_r$ とおけば,

$$p_r = \frac{\partial S}{\partial q_r}, \qquad \beta_r = -\frac{\partial E}{\partial \alpha_r} t + \frac{\partial S}{\partial \alpha_r}. \qquad (20.4\text{-}15)$$

これらの式の第 2 のグループは $q_1, \cdots, q_f$ と t との関係を与えるものであり, 第 1 のグループは $p_1, \cdots, p_f$ と t との関係を与える.

　E と $\alpha_1, \cdots, \alpha_f$ の関係（20.4-13）としては上に示したように $E = \alpha_1$ ととることもあるが, $E = \alpha_1 + \alpha_2 + \cdots + \alpha_f$ ととることも多い.

1.　$E = \alpha_1$ とおく場合

　（20.4-15）は

$$\left.\begin{array}{l} \dfrac{\partial S}{\partial E} = t + \beta_1, \qquad \dfrac{\partial S}{\partial \alpha_2} = \beta_2, \qquad \cdots, \qquad \dfrac{\partial S}{\partial \alpha_f} = \beta_f, \\ p_1 = \dfrac{\partial S}{\partial q_1}, \qquad \cdots, \qquad p_f = \dfrac{\partial S}{\partial q_f}. \end{array}\right\} \qquad (20.4\text{-}16)$$

これらの式の上の方のグループの第 1 の式 $\dfrac{\partial S}{\partial E} = t + \beta_1$ は時間と運動の関

係を与えるが，他の式 $\dfrac{\partial S}{\partial \alpha_2} = \beta_2, \cdots, \dfrac{\partial S}{\partial \alpha_f} = \beta_f$ は t を含んでいないから軌道を

与える．下のグループ $p_r = \dfrac{\partial S}{\partial q_r}$ が運動量を与えることはもちろんである．

2. $E = \alpha_1 + \alpha_2 + \cdots + \alpha_f$ ととる場合

$$\frac{\partial S}{\partial \alpha_1} = t + \beta_1, \qquad \frac{\partial S}{\partial \alpha_2} = t + \beta_2, \qquad \cdots, \qquad \frac{\partial S}{\partial \alpha_f} = t + \beta_f,$$

$$\text{(20.4-17)}$$

$$p_1 = \frac{\partial S}{\partial q_1}, \qquad \cdots, \qquad p_f = \frac{\partial S}{\partial q_f} \qquad \text{(20.4-18)}$$

となり，(20.4-17) のどれにも t が入っているが形は対称的になっている．H
が t を陽に含んでいないときには (20.4-6) の W を解かなくても，(20.4-11)
を解いて S を求めれば運動が得られる．

┃ 例題 1 　質点に力が作用しないときの Hamilton-Jacobi の偏微分方程式を解
┃ け．

解 　質点に力が作用しないときの Hamiltonian は

$$H = \frac{1}{2m}(p_x{}^2 + p_y{}^2 + p_z{}^2).$$

したがって，H-J [1] 偏微分方程式は

$$\frac{\partial W}{\partial t} + \frac{1}{2m}\left\{\left(\frac{\partial W}{\partial x}\right)^2 + \left(\frac{\partial W}{\partial y}\right)^2 + \left(\frac{\partial W}{\partial z}\right)^2\right\} = 0.$$

これを解くために，

$$W = \Theta(t) + X(x) + Y(y) + Z(z)$$

とおけば

$$\frac{d\Theta}{dt} + \frac{1}{2m}\left\{\left(\frac{dX}{dx}\right)^2 + \left(\frac{dY}{dy}\right)^2 + \left(\frac{dZ}{dz}\right)^2\right\} = 0.$$

したがって

$$\frac{d\Theta}{dt} = \text{定数} = -E, \quad \frac{dX}{dx} = \text{定数} = a, \quad \frac{dY}{dy} = \text{定数} = b, \quad \frac{dZ}{dz} = \text{定数} = c.$$

---

1)　Hamilton-Jacobi を H-J と書く．

ただし,

$$E = \frac{1}{2m}(a^2 + b^2 + c^2)$$

の関係がある. W は

$$W = -Et + ax + by + cz, \qquad E = \frac{1}{2m}(a^2 + b^2 + c^2).$$

座標と時間との関係は (20.4-7) により $\partial W/\partial a =$ 定数, $\partial W/\partial b =$ 定数, $\partial W/\partial c =$ 定数 から得られる.

$$-\frac{a}{m}t + x = 定数$$

などとなるが,

$$x = u_0 t + x_0, \qquad y = v_0 t + y_0, \qquad z = w_0 t + z_0$$

と書くことができる. すなわち, 質点は一直線上を一定速度で運動する. なお (20.4-2) によれば

$$p_x = \frac{\partial W}{\partial x} = a = mu_0, \qquad p_y = mv_0, \qquad p_z = mw_0. \qquad\blacklozenge$$

注意 (20.4-11), (20.4-15), (20.4-16) の S を使う方法でも試みるとよい.

例題2 1つの質点が定点を中心とする中心力場 (ポテンシャル $= V(r)$) を受けながら運動するときの Hamilton-Jacobi の偏微分方程式をつくり, これを解いて運動を求めよ.

解 Hamiltonian は, 極座標を使って,

$$H = \frac{1}{2m}\left(p_r^2 + \frac{1}{r^2}p_\theta^2 + \frac{1}{r^2\sin^2\theta}p_\varphi^2\right) + V(r).$$

φ は循環座標であるから, $p_\varphi =$ 一定 $= \alpha_\varphi$. それゆえ, $\partial S/\partial\varphi = \alpha_\varphi$. これから S の φ による部分は $\alpha_\varphi\varphi$ となる. S を $S(r,\theta) + \alpha_\varphi\varphi$ と書けば, $S(r,\theta)$ の満たす方程式は

$$\frac{1}{2m}\left\{\left(\frac{\partial S}{\partial r}\right)^2 + \frac{1}{r^2}\left(\frac{\partial S}{\partial\theta}\right)^2 + \frac{\alpha_\varphi^2}{r^2\sin^2\theta}\right\} + V(r) = E.$$

$S = R(r) + \Theta(\theta)$ とおいて,

$$\frac{1}{2m}\left\{\left(\frac{dR}{dr}\right)^2 + \frac{1}{r^2}\left(\frac{d\Theta}{d\theta}\right)^2 + \frac{\alpha_\varphi^2}{r^2\sin^2\theta}\right\} + V(r) = E.$$

r による部分と θ による部分とを分けるため r^2 を掛ければ,

$$\frac{1}{2m}r^2\left(\frac{dR}{dr}\right)^2 - \{E - V(r)\}r^2 + \frac{1}{2m}\left\{\left(\frac{d\Theta}{d\theta}\right)^2 + \frac{\alpha_\varphi{}^2}{\sin^2\theta}\right\} = 0.$$

したがって

$$\left(\frac{d\Theta}{d\theta}\right)^2 + \frac{\alpha_\varphi{}^2}{\sin^2\theta} = 一定 = \alpha_\theta{}^2,$$

$$\left(\frac{dR}{dr}\right)^2 = 2m\{E - V(r)\} - \frac{\alpha_\theta{}^2}{r^2}.$$

それゆえ,

$$\Theta = \pm\int\sqrt{\alpha_\theta{}^2 - \frac{\alpha_\varphi{}^2}{\sin^2\theta}}\,d\theta, \quad R = \pm\int\sqrt{2m\{E - V(r)\} - \frac{\alpha_\theta{}^2}{r^2}}\,dr$$

で

$$S = \pm\int\sqrt{2m\{E - V(r)\} - \frac{\alpha_\theta{}^2}{r^2}}\,dr \pm \int\sqrt{\alpha_\theta{}^2 - \frac{\alpha_\varphi{}^2}{\sin^2\theta}}\,d\theta + \alpha_\varphi\cdot\varphi$$

となる. それゆえ (20.4-16) によって ($\alpha_1 = E$),

$$\pm\int\frac{m\,dr}{\sqrt{2m\{E - V(r)\} - \alpha_\theta{}^2/r^2}} = t + \beta_1 = t - t_0, \tag{1}$$

$$\mp\int\frac{1}{\sqrt{\alpha_\theta{}^2 - \alpha_\varphi{}^2/\sin^2\theta}}\frac{\alpha_\varphi}{\sin^2\theta}\,d\theta + \varphi = \beta_2 = \varphi_0, \tag{2}$$

$$\mp\int\frac{\alpha_\theta}{\sqrt{2m\{E - V(r)\} - \alpha_\theta{}^2/r^2}}\frac{dr}{r^2} \pm \int\frac{\alpha_\theta\,d\theta}{\sqrt{\alpha_\theta{}^2 - \alpha_\varphi{}^2/\sin^2\theta}} = \beta_3 \tag{3}$$

となる.

θ と φ との関係の式 (2) は $V(r)$ を含んでいないから, 中心力でありさえすればいつもこの式が出てくる. $d\theta/d\varphi < 0$ の場合を考えれば,

$$\varphi - \varphi_0 = -\int\frac{\alpha_\varphi\,\mathrm{cosec}^2\theta}{\sqrt{\alpha_\theta{}^2 - \alpha_\varphi{}^2(1 + \cot^2\theta)}}\,d\theta = -\int\frac{\alpha_\varphi\,\mathrm{cosec}^2\theta}{\sqrt{\alpha_\theta{}^2 - \alpha_\varphi{}^2 - \alpha_\varphi{}^2\cot^2\theta}}\,d\theta$$

$$= \sin^{-1}\left(\frac{\alpha_\varphi}{\sqrt{\alpha_\theta{}^2 - \alpha_\varphi{}^2}}\cot\theta\right).$$

したがって $\sin(\varphi - \varphi_0) = \dfrac{\alpha_\varphi}{\sqrt{\alpha_\theta{}^2 - \alpha_\varphi{}^2}}\cot\theta$ となる. 左辺を展開し全体に $r\sin\theta$ を掛ければ

$$x\sin\varphi_0 - y\cos\varphi_0 + \frac{\alpha_\varphi}{\sqrt{\alpha_\theta{}^2 - \alpha_\varphi{}^2}}z = 0.$$

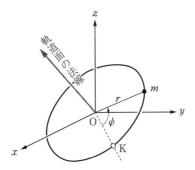

20.4-1 図

これは原点を通る平面で，その法線の方向比は $\sin\varphi_0 : -\cos\varphi_0 : \dfrac{\alpha_\varphi}{\sqrt{\alpha_\theta{}^2 - \alpha_\varphi{}^2}}$
であり，したがって，z 軸とつくる角 i の $\cos$ は

$$\cos i = \frac{\alpha_\varphi/\sqrt{\alpha_\theta{}^2 - \alpha_\varphi{}^2}}{\sqrt{\sin^2\varphi_0 + \cos^2\varphi_0 + \alpha_\varphi{}^2/(\alpha_\theta{}^2 - \alpha_\varphi{}^2)}} = \frac{\alpha_\varphi}{\alpha_\theta}.$$

質点はこのような定平面内で運動することがわかる.

(3) は軌道を与える式で，その左辺の第 2 項は

$$-\int \frac{\alpha_\theta\, d\theta}{\sqrt{\alpha_\theta{}^2 - \alpha_\varphi{}^2/\sin^2\theta}} = \sin^{-1}\!\left(\frac{\alpha_\theta\cos\theta}{\sqrt{\alpha_\theta{}^2 - \alpha_\varphi{}^2}}\right) = \sin^{-1}\!\left(\frac{\cos\theta}{\sin i}\right) \qquad (4)$$

であるが，20.4-1 図に示すように，軌道面と (x, y) 平面との交線 OK から測った，動径が軌道面内で描いた角を ψ とすれば，球面三角の公式によって

$$\sin\psi = \frac{\alpha_\theta\cos\theta}{\sqrt{\alpha_\theta{}^2 - \alpha_\varphi{}^2}} = \frac{\cos\theta}{\sin i}$$

となるので，(4) の値は ψ となる．したがって (3) は

$$\pm\int \frac{\alpha_\theta}{\sqrt{2m\{E - V(r)\} - \alpha_\theta{}^2/r^2}} \frac{dr}{r^2} = \psi - \psi_0$$

となり，$V(r)$ が与えられていれば，これが軌道面内にとった極座標 r, ψ に対する軌道の方程式となる．(1) はもちろん時間との関係を求めるのに使われる．万有引力の場合には $V(r) = -GMm/r$ とおけば，よく知られているように円錐曲線の式が得られる．◆

§20.5　正準変数としてのエネルギーと時間

いままで正準変数 $q_1, \cdots, q_f, p_1, \cdots, p_f$ は時間の関数として扱ってきたのであって，時間 t は q_r や p_r と別の立場を持っていたのであるが，次にこの t も正準変数の仲間に入れ，それに正準共役な量を求め，時間が他の変数に対して持っていた特別な立場を除くことを考えよう．

§20.2 で学んだとおり，Hamilton の正準方程式

$$\left.\begin{array}{l} \dfrac{dq_r}{dt} = \dfrac{\partial H}{\partial p_r}, \\[2mm] \dfrac{dp_r}{dt} = -\dfrac{\partial H}{\partial q_r} \end{array}\right\} \tag{20.5-1}$$

は変分原理

$$\left.\begin{array}{l} \delta\displaystyle\int_{t_1}^{t_2}\{\sum p_r\dot{q}_r - H(q, p\,;\,t)\}dt = 0, \\[2mm] t = t_1, t_2 \ \text{で}\ \ \delta q_1 = \cdots = \delta q_f = 0 \end{array}\right\} \tag{20.5-2}$$

と同等なのであるが，この（20.5-2）は

$$\delta\int_{t_1}^{t_2}(\sum p_r\dot{q}_r - E)dt = 0, \tag{20.5-3}$$

ただし，

$$E = H(q_1, \cdots, q_f, p_1, \cdots, p_f\,;\,t) \tag{20.5-4}$$

のように2つの式に分けて考えることができる．t にも q や p と同様な扱いを受けさせるために，他にもう1つのパラメーター τ を考え，$q_1, \cdots, q_f, p_1, \cdots, p_f$ と t が τ の関数であるとする．（20.5-3），（20.5-4）は

$$\delta\int_{\tau_1}^{\tau_2}\Big(\sum p_r\frac{dq_r}{d\tau} - E\frac{dt}{d\tau}\Big)d\tau = 0, \tag{20.5-3'}$$

ただし，

$$E = H(q, p, t) \tag{20.5-4'}$$

となる．（20.5-3）′ をみると $p_r\dfrac{dq_r}{d\tau}$ と $(-E)\dfrac{dt}{d\tau}$ とは同じ形をしていることがわかる．このことを使って t を正準変数の q のグループの仲間に入れることができる．これを q_{f+1} と書き，$-E$ を p_{f+1} と書くことにしよう．（20.5-3）′，（20.5-4）′ は

$$\delta \int_{\tau_1}^{\tau_2} \left(\sum_{r=1}^{f+1} p_r \frac{dq_r}{d\tau} \right) d\tau = 0, \tag{20.5-5}$$

ただし,

$$H + p_{f+1} = 0 \tag{20.5-6}$$

となる.（20.5-6）の左辺は $q_1, \cdots, q_{f+1}, p_1, \cdots, p_f, p_{f+1}$ の関数であるから, これ
を

$$F(q_1, \cdots, q_f, q_{f+1}, p_1, \cdots, p_f, p_{f+1}) \equiv H + p_{f+1} = 0 \tag{20.5-6)$'$}$$

とおけば, 問題は（20.5-6）′ という条件付きで

$$\int_{\tau_1}^{\tau_2} \left(\sum_{r=1}^{f+1} p_r \frac{dq_r}{d\tau} \right) d\tau$$

の変分を 0 にするという問題になる. Lagrange の方法にしたがい,（20.5-6）′
の δ をとって τ で積分し, 未定乗数 λ を掛けて（20.5-5）から引く.

$$\delta \int_{\tau_1}^{\tau_2} \left(\sum_{r=1}^{f+1} p_r \frac{dq_r}{d\tau} - \lambda F \right) d\tau = 0. \tag{20.5-7}$$

こうすれば $q_1, \cdots, q_{f+1}, p_1, \cdots, p_{f+1}$ は仮にそれらが独立であるかのようにその変
分をとってよい.

$$\tau = \tau_1, \tau_2 \quad \text{で} \quad \delta q_1 = 0, \quad \cdots, \quad \delta q_{f+1} = 0$$

とすれば,（20.5-7）についての Euler の微分方程式として,

$$\frac{dq_r}{d\tau} = \lambda \frac{\partial F}{\partial p_r}, \qquad \frac{dp_r}{d\tau} = -\lambda \frac{\partial F}{\partial q_r} \qquad (r = 1, \cdots, f+1) \tag{20.5-8}$$

となる.（20.5-8）の第 1 のグループの最後の $r = f+1$ を考えると, $q_{f+1} = t$
であるから,（20.5-6）′ によって

$$\lambda = \frac{dt}{d\tau} \tag{20.5-9}$$

となる. これが未定乗数 λ の持つ意味である. そうすると（20.5-8）の第 1, 第
2 のグループで $r = 1, \cdots, f$ の場合には

$$\frac{dq_r}{dt} = \frac{\partial H}{\partial p_r}, \qquad \frac{dp_r}{dt} = -\frac{\partial H}{\partial q_r} \qquad (r = 1, \cdots, f) \tag{20.5-10}$$

となって通常の正準方程式に一致し,（20.5-8）の第 2 のグループで $r = f+1$
とおけば

$$-\frac{dE}{dt} = -\frac{\partial H}{\partial t}, \quad \text{すなわち} \quad \frac{d(-E)}{dt} = -\frac{\partial H}{\partial t}$$

$$\text{(20.5-11)}$$

となる.[1] H が t を含まないときには $E =$ 一定 となる.

このように,

> 時間 t とエネルギーの符号を変えた $-E$ とは互いに正準共役な変数と考えることができる

ことがわかる. このことは量子力学でよく使われることである.[2]

§20.6 微小正準変換(微小接触変換)

正準変換で変数を変えないもの, すなわち, 恒等変換は§20.3の例で示したように, 母関数

$$W = \sum q_r P_r \tag{20.6-1}$$

で与えられる.

(20.6-1) の W を母関数にとれば, 変換は

$$Q_r = q_r, \quad P_r = p_r \tag{20.6-2}$$

で与えられる. いま, ε を小さな数として q_r, p_r から

$$\left.\begin{array}{l} Q_r = q_r + \varphi_r \cdot \varepsilon, \\ P_r = p_r + \psi_r \cdot \varepsilon \end{array}\right\} \tag{20.6-3}$$

に変換するような母関数を求めよう. この母関数は W に近いものであるから, これを

---

1) (20.5-10) の第1のグループの $r = f + 1$ の式は $\dfrac{dt}{dt} = -\dfrac{\partial(-p_{f+1})}{\partial p_{f+1}}$ となり, $1 = 1$ の形の式となる.

2) 量子力学で Schrödinger の方程式を書き下すとき, $p_x \to \dfrac{\hbar}{i}\dfrac{\partial}{\partial x}$ ($\hbar$ は Dirac のエイチ $=$ Planck のエイチ $h/2\pi$) などのおきかえを行なうとき, E は $E \to -\dfrac{\hbar}{i}\dfrac{\partial}{\partial t}$ とおきかえるのであるが, これは古典力学のいまの理論に平行した扱い方である.

$$F = \sum q_r P_r + G \cdot \varepsilon \qquad (20.6\text{-}4)$$

とおく. G は (20.6-4) の第1項が q, P の関数であるのにならって

$$G = G(q_1, \cdots, q_f, P_1, \cdots, P_f) \qquad (20.6\text{-}5)$$

とする. F を母関数とする正準変換は

$$p_r = \frac{\partial F}{\partial q_r} = P_r + \varepsilon \frac{\partial G}{\partial q_r},$$

$$Q_r = \frac{\partial F}{\partial P_r} = q_r + \varepsilon \frac{\partial G}{\partial P_r}$$

である. これらの式の右辺の第2項には ε という因数がある. G の中で $P_1, \cdots,$ P_f を $p_1, \cdots, p_f$ でおきかえても ε^2 を省略する近似ではさしつかえない. それゆえ,

$$\left.\begin{array}{l} p_r = P_r + \varepsilon \dfrac{\partial G(q_1, \cdots, q_f, p_1, \cdots, p_f)}{\partial q_r}, \\[2mm] Q_r = q_r + \varepsilon \dfrac{\partial G(q_1, \cdots, q_f, p_1, \cdots, p_f)}{\partial p_r}, \\[2mm] G \text{ は } q_1, \cdots, q_f, p_1, \cdots, p_f \text{ の任意の関数.} \end{array}\right\} \qquad (20.6\text{-}6)$$

(20.6-3) と (20.6-6) を比較すると, 与えられた φ_r, ψ_r に対して,

$$\varphi_r = \frac{\partial G}{\partial p_r}, \qquad \psi_r = -\frac{\partial G}{\partial q_r} \qquad (20.6\text{-}7)$$

になるように G をきめればよいことがわかる. いまの場合, 母関数は F であるが, G を母関数とよぶことが多い.

　微小正準変換の特別な場合として, ある時刻の q_r, p_r から dt だけ時間がたった後の $q_r + \dfrac{dq_r}{dt}dt$, $p_r + \dfrac{dp_r}{dt}dt$ への変換を考えよう. (20.6-3) の φ_r, ψ_r はそれぞれ $\dfrac{dq_r}{dt}, \dfrac{dp_r}{dt}$ となる. したがって (20.6-7) は

$$\frac{dq_r}{dt} = \frac{\partial G}{\partial p_r}, \qquad \frac{dp_r}{dt} = -\frac{\partial G}{\partial q_r}$$

となる. これと正準方程式

$$\frac{dq_r}{dt} = \frac{\partial H}{\partial p_r}, \qquad \frac{dp_r}{dt} = -\frac{\partial H}{\partial q_r}$$

を比べると,

> $q_r, p_r \rightarrow q_r + dq_r, p_r + dp_r$ の変換は微小正準変換であり，Hamiltonian が
> その母関数（厳密にいえば，母関数は恒等変換の母関数 + Hamiltonian）
> になっている

ということができる．

　§20.3 の最後に学んだことによると，正準変換を次々に行なった結果は1つの正準変換となるのであるが，有限な時間間隔 $t_1 \rightarrow t_2$ の間に $q_{r1}, p_{r1} \rightarrow q_{r2}, p_{r2}$ になったとすれば，$q_{r1}, p_{r1} \rightarrow q_{r2}, p_{r2}$ の変換は正準変換になっていることがわかる．

§20.7　正準変換での不変量

　一般に座標変換などの変数の変換を行なうとき，古い変数で表わした1つの量と，新しい変数で同じ形で表わしたものの数値が等しいときこの量を**不変量**（invariant）とよぶ．たとえば，「力学 I」の §1.2 で示した直交変換での

$$x^2 + y^2 + z^2$$

という量は不変量である．

　正準変換という変換でもどのような量が不変に保たれるかは非常に大切な問題である．

（1）相対積分不変量

　正準変換で変数 $q_1, \cdots, q_f, p_1, \cdots, p_f$ から新しい変数 $Q_1, \cdots, Q_f, P_1, \cdots, P_f$ に移るとき，母関数を $q_1, \cdots, q_f, Q_1, \cdots, Q_f$ の関数と考えて $W(q_1, \cdots, q_f, Q_1, \cdots, Q_f \,; t)$ とすれば，(20.3-7) によって

$$\left.\begin{aligned}
p_r &= \frac{\partial}{\partial q_r} W(q_1, \cdots, q_f, Q_1, \cdots, Q_f \,; t), \\
P_r &= -\frac{\partial}{\partial Q_r} W(q_1, \cdots, q_f, Q_1, \cdots, Q_f \,; t)
\end{aligned}\right\} \qquad (20.7\text{-}1)$$

である．

　いま，$(q_1, \cdots, q_f)$ 空間で任意の曲線を考え，それにそっての q の変化を δq_1,

$\delta q_2, \cdots, \delta q_f$ とし,[1] これに対応する $(Q_1, \cdots, Q_f)$ 空間での Q の変化を $\delta Q_1, \delta Q_2, \cdots, \delta Q_f$ とする. (20.7-1) によって

$$\sum_r (p_r \delta q_r - P_r \delta Q_r) = \sum_r \left(\frac{\partial W}{\partial q_r} \delta q_r + \frac{\partial W}{\partial Q_r} \delta Q_r \right) = \delta W \quad (20.7\text{-}2)$$

となる. この式は (20.7-1) と同じ内容のもので, $(q_r, p_r) \to (Q_r, P_r)$ の変換が正準であるための条件である.

(20.7-2) を q 空間の閉じた曲線と, これに対応する Q 空間の閉じた曲線にそって加え合わせれば右辺は 0 となるから,

$$\oint \sum_r p_r \delta q_r = \oint \sum_r P_r \delta Q_r \qquad (20.7\text{-}3)$$

となる. このように $\oint \sum_r p_r \delta q_r$ という量は p_r, q_r の代りに他の正準変数を持ってきてもその値は変わらない. (20.7-3) の関係は $\oint$ の記号で示されるように, 積分が閉曲線でなされるときだけ (閉曲線でないと $\int \delta W$ が 0 にならない) 成り立つので, $\oint \sum_r p_r \delta q_r$ という量を**相対積分不変量** (relative integral invariant) とよぶ. Poincaré の相対積分不変量ともよばれる.

(2) 絶対積分不変量

次に $(q_1, q_2, \cdots, q_f, p_1, p_2, \cdots, p_f)$ の $2f$ 個の変数を座標とする空間を考える. その空間の表面は 2 個の変数 u, v をパラメーターとして

$$\left. \begin{array}{llll} q_1 = q_1(u, v), & \cdots, & q_f = q_f(u, v), \\ p_1 = p_1(u, v), & \cdots, & p_f = p_f(u, v) \end{array} \right\} \qquad (20.7\text{-}4)$$

で u, v をいろいろと動かせば得られる. その表面の任意の部分について

$$J_1 = \iint \sum_r \delta p_r \delta q_r \qquad (20.7\text{-}5)$$

という積分を考える. つまり, u, v についてそれらの値が (u, v) と $(u + \delta u, v + \delta v)$ の間にある範囲に対応する (q_r, p_r) 空間 (平面) の面積を $\delta q_r \delta p_r$ とし, これを (u, v) の有限の範囲について積分し, r について加える.

---

1) t は一定として扱うので δ を使った.

$\delta q_r \delta p_r$ と $\delta u\, \delta v$ との関係は Jacobian を使って

$$\delta q_r \delta p_r = \begin{vmatrix} \dfrac{\partial q_r}{\partial u} & \dfrac{\partial p_r}{\partial u} \\[2mm] \dfrac{\partial q_r}{\partial v} & \dfrac{\partial p_r}{\partial v} \end{vmatrix} \delta u\, \delta v$$

となるので

$$J_1 = \iint \sum_r \begin{vmatrix} \dfrac{\partial q_r}{\partial u} & \dfrac{\partial p_r}{\partial u} \\[2mm] \dfrac{\partial q_r}{\partial v} & \dfrac{\partial p_r}{\partial v} \end{vmatrix} \delta u\, \delta v \tag{20.7-6}$$

となる．上の (u, v) の範囲に対応する (Q, P) 空間内の表面部分を考えて，

$$J_1' = \iint \sum_r \begin{vmatrix} \dfrac{\partial Q_r}{\partial u} & \dfrac{\partial P_r}{\partial u} \\[2mm] \dfrac{\partial Q_r}{\partial v} & \dfrac{\partial P_r}{\partial v} \end{vmatrix} \delta u\, \delta v. \tag{20.7-6}'$$

問題は $J_1 = J_1'$ であることを証明することにある．$(q, p) \to (Q, P)$ の変換の母関数を $W(q_1, \cdots, q_f, P_1, \cdots, P_f)$ としよう．W の中の変数は他の組（$(20.3\text{-}7)'$，$(20.3\text{-}13)$，$(20.3\text{-}15)$ で使っている組）をとっても以下の議論は同様である．$(20.3\text{-}10)$ によって，

$$p_r = \frac{\partial W}{\partial q_r}, \qquad Q_r = \frac{\partial W}{\partial P_r} \tag{20.7-7}$$

であるから，この第 1 の関係式を使って，

$$\sum_r \begin{vmatrix} \dfrac{\partial q_r}{\partial u} & \dfrac{\partial p_r}{\partial u} \\[2mm] \dfrac{\partial q_r}{\partial v} & \dfrac{\partial p_r}{\partial v} \end{vmatrix} = \sum_r \begin{vmatrix} \dfrac{\partial q_r}{\partial u} & \displaystyle\sum_s \left(\dfrac{\partial^2 W}{\partial q_r \partial q_s} \dfrac{\partial q_s}{\partial u} + \dfrac{\partial^2 W}{\partial q_r \partial P_s} \dfrac{\partial P_s}{\partial u} \right) \\[4mm] \dfrac{\partial q_r}{\partial v} & \displaystyle\sum_s \left(\dfrac{\partial^2 W}{\partial q_r \partial q_s} \dfrac{\partial q_s}{\partial v} + \dfrac{\partial^2 W}{\partial q_r \partial P_s} \dfrac{\partial P_s}{\partial v} \right) \end{vmatrix}$$

$$= \sum_{r,s} \frac{\partial^2 W}{\partial q_r \partial q_s} \begin{vmatrix} \dfrac{\partial q_r}{\partial u} & \dfrac{\partial q_s}{\partial u} \\[2mm] \dfrac{\partial q_r}{\partial v} & \dfrac{\partial q_s}{\partial v} \end{vmatrix} + \sum_{r,s} \frac{\partial^2 W}{\partial q_r \partial P_s} \begin{vmatrix} \dfrac{\partial q_r}{\partial u} & \dfrac{\partial P_s}{\partial u} \\[2mm] \dfrac{\partial q_r}{\partial v} & \dfrac{\partial P_s}{\partial v} \end{vmatrix}.$$

右辺の第 1 項の $\sum$ の中は r と s とを交換して得られる対から成り立っているが，行列式の性質からそれらが打ち消しあうことがわかる．したがって

$$\sum_r \begin{vmatrix} \dfrac{\partial q_r}{\partial u} & \dfrac{\partial p_r}{\partial u} \\[2mm] \dfrac{\partial q_r}{\partial v} & \dfrac{\partial p_r}{\partial v} \end{vmatrix} = \sum_{r,s} \dfrac{\partial^2 W}{\partial q_r \partial P_s} \begin{vmatrix} \dfrac{\partial q_r}{\partial u} & \dfrac{\partial P_s}{\partial u} \\[2mm] \dfrac{\partial q_r}{\partial v} & \dfrac{\partial P_s}{\partial v} \end{vmatrix}.$$

また，(20.7-7) の第 2 の関係式を使って，

$$\sum_r \begin{vmatrix} \dfrac{\partial Q_r}{\partial u} & \dfrac{\partial P_r}{\partial u} \\[2mm] \dfrac{\partial Q_r}{\partial v} & \dfrac{\partial P_r}{\partial v} \end{vmatrix} = \sum_{r,s} \dfrac{\partial^2 W}{\partial q_s \partial P_r} \begin{vmatrix} \dfrac{\partial q_s}{\partial u} & \dfrac{\partial P_r}{\partial u} \\[2mm] \dfrac{\partial q_s}{\partial v} & \dfrac{\partial P_r}{\partial v} \end{vmatrix}.$$

したがって，

$$\sum_r \begin{vmatrix} \dfrac{\partial q_r}{\partial u} & \dfrac{\partial p_r}{\partial u} \\[2mm] \dfrac{\partial q_r}{\partial v} & \dfrac{\partial p_r}{\partial v} \end{vmatrix} = \sum_r \begin{vmatrix} \dfrac{\partial Q_r}{\partial u} & \dfrac{\partial P_r}{\partial u} \\[2mm] \dfrac{\partial Q_r}{\partial v} & \dfrac{\partial P_r}{\partial v} \end{vmatrix}. \tag{20.7-8}$$

これと (20.7-6)，(20.7-6)′ とから

$$J_1 = \iint \sum_r \delta q_r \delta p_r$$

は正準変換に対する不変量であることがわかる．

まったく同様にして

$$J_2 = \iiiint \sum \delta q_r \delta q_s \delta p_r \delta p_s \qquad (\sum は r, s の組につき加える)$$
$$\tag{20.7-9}$$

なども，また，最後に

$$J_f = \int \cdots \int \delta q_1 \cdots \delta q_f \delta p_1 \cdots \delta p_f \tag{20.7-10}$$

も正準変換に対して不変であることがわかる．$J_1, \cdots, J_f$ は積分範囲にはよらないから，これらを**絶対積分不変量**（absolute integral invariant）とよぶ．最後の J_f について書けば

$$J_f = \int \cdots \int \delta q_1 \cdots \delta q_f \delta p_1 \cdots \delta p_f = \int \cdots \int \delta Q_1 \cdots \delta Q_f \delta P_1 \cdots \delta P_f.$$
$$\tag{20.7-11}$$

いままで，(20.7-3) の相対不変量，(20.7-5)，(20.7-9)，(20.7-10) の絶対不変量について学んだ．一体，正準変数は力学的体系の状態を表わすためのこ

とば（変数）で，ちがう正準変数を使うことはちがうことばで同じ物理現象（力学現象）を表わすことである.

$$\oint \sum_r p_r \delta q_r, \quad \iint \sum_r \delta q_r \delta p_r, \quad \iiiint \sum \delta q_r \delta q_s \delta p_r \delta p_s, \quad \cdots, \quad \int \cdots \int \delta q_1 \cdots \delta q_f \delta p_1 \cdots \delta p_f$$
は力学的体系を記述することば（変数）にはよらないところの量である

ということになる.　物理法則は使うことば（変数）にはよらないはずのものであるが，この意味で力学的体系についての法則，規則を上のような量で表わすときには，その変数変換に対しての不変性がその基礎に横たわるものとなる.　その例は前期量子論§23.1（139ページ）にみられる.

Liouville の定理

統計力学の基礎的な定理に **Liouville [1] の定理**とよばれるものがある.　古典統計力学では分子から成り立っている熱力学的体系を古典力学にしたがう分子の集まりと考え，一般的な正準変換でこれを記述する.　そのとき，正準変数の形成する空間（これを**位相空間**（phase space）とよぶ）を考え，その中に有限な体積を考える.　この体積は

$$\int \cdots \int \delta q_1 \cdots \delta q_f \delta p_1 \cdots \delta p_f$$

で与えられるが，この値が正準変数のとりかたによらないことは上に学んだとおりである.　したがってこの体積の値には物理的意味を与えることができる.

いまこの体積を包む曲面を考えよう.　その曲面上の各点は時間の経過にしたがって正準方程式の示す

$$\frac{dq_r}{dt} = \frac{\partial H}{\partial p_r}, \quad \frac{dp_r}{dt} = -\frac{\partial H}{\partial q_r}$$

にしたがって動いていく.　この曲面の形は時間の経過につれて変わる.　体積内の点の $t = t_1$ での座標（正準変数）の値を (q_{r1}, p_{r1})，$t = t_2$ での座標（正準変

---

1)　リウビルまたはリゥヴィル.　Joseph Liouville: Journ. de Math. **3**（1838）349.　統計力学での役割については，J. Willard Gibbs: *Elementary Principles in Statistical Mechanics*（Yale Univ. Press, 1902）10ページ，原島鮮：「熱力学・統計力学（改訂版）」（培風館, 1980）200ページ.

数）の値を (q_{r2}, p_{r2}) としよう.

　§20.6 の最後に述べてあることによると $(q_{r1}, p_{r1}) \rightarrow (q_{r2}, p_{r2})$ の移り変りは正準変換になっているのであるから,

---

位相空間内の有限な領域内の各点が正準方程式にしたがって運動するとき,その領域の形は変わっていくが体積は不変に保たれる

ということができる.これを **Liouville の定理**とよぶ.

§20.8　Poisson の括弧式

　この節では古典力学から量子力学への移行[2] にも関係の深い **Poisson**（ポアッソン）**の括弧式**（Poisson's [3] bracket expression）を説明する.そのため,Poisson の括弧式よりも §20.7 の積分不変量の理論にもっと直接な関係にある Lagrange の括弧式というものをまず説明しておこう.

　(20.7-8) の両辺を比較すると正準変数として (q, p) をとっても,(Q, P) をとってもこの形の式はその値が同じであることがわかるが,それならば (q, p) とか (Q, P) の変数を指定しなくてもよいであろう.それで (20.7-8) のどちらの辺にしても $[u, v]$ という記号で書かれることが多い.

$$[u, v] \equiv \sum_r \left(\frac{\partial q_r}{\partial u} \frac{\partial p_r}{\partial v} - \frac{\partial p_r}{\partial u} \frac{\partial q_r}{\partial v} \right). \tag{20.8-1}$$

これを Lagrange の括弧式とよぶ.

$[u, v]$ は正準変換に対する不変量である

ということができる.

$$[v, u] = -[u, v] \tag{20.8-2}$$

---

2)　P. A. M. Dirac: *The Principles of Quantum Mechanics*, 4th ed.（Oxford Univ. Press, 1963）85 ページ.

3)　Siméon Denis Poisson: Journal de l'École polytechnique, Bd. 8, H. 15（1809）266.

であることはすぐにわかる.

(20.7-4) で考えた 2 次元の面として q_r, q_s のつくる座標面を考える. $q_r = u$, $q_s = v$ ととることにあたる (他の変数は一定). そうすると

$$[q_r, q_s] = 0, \quad \text{同様に} \quad [p_r, p_s] = 0.$$

また, $q_r = u$, $p_s = v$ ととれば

$$[q_r, p_s] = \delta_{rs}. \text{[1]} \tag{20.8-3}$$

(p_r, q_r) から正準変換で移る正準変数 $P_1, \cdots, P_f, Q_1, \cdots, Q_f$ に対しても, 括弧式の不変性から

$$[P_r, P_s] = 0, \quad [Q_r, Q_s] = 0, \quad [Q_r, P_s] = \delta_{rs} \tag{20.8-4}$$

となる. 逆に

$p_1, \cdots, p_f, q_1, \cdots, q_f$ の任意の関数 $P_1, \cdots, P_f, Q_1, \cdots, Q_f$ をとるとき (20.8-4) が成り立つならば, それらの P, Q は p, q から正準変換によって得られる

ことを証明できる. 何となれば, (20.8-4) を書き下すと,

$$\sum_m \left(\frac{\partial q_m}{\partial P_r} \frac{\partial p_m}{\partial P_s} - \frac{\partial p_m}{\partial P_r} \frac{\partial q_m}{\partial P_s} \right) = 0,$$

$$\sum_m \left(\frac{\partial q_m}{\partial Q_r} \frac{\partial p_m}{\partial Q_s} - \frac{\partial p_m}{\partial Q_r} \frac{\partial q_m}{\partial Q_s} \right) = 0,$$

$$\sum_m \left(\frac{\partial q_m}{\partial Q_r} \frac{\partial p_m}{\partial P_s} - \frac{\partial p_m}{\partial Q_r} \frac{\partial q_m}{\partial P_s} \right) = \delta_{rs}$$

となるが, これらから,

$$\frac{\partial}{\partial P_r} \sum_m p_m \frac{\partial q_m}{\partial P_s} = \frac{\partial}{\partial P_s} \sum_m p_m \frac{\partial q_m}{\partial P_r},$$

$$\frac{\partial}{\partial P_r} \left(\sum_m p_m \frac{\partial q_m}{\partial Q_s} - P_s \right) = \frac{\partial}{\partial Q_s} \left(\sum_m p_m \frac{\partial q_m}{\partial P_r} \right), \left. \right\} \tag{20.8-5}$$

$$\frac{\partial}{\partial Q_r} \left(\sum_m p_m \frac{\partial q_m}{\partial Q_s} - P_s \right) = \frac{\partial}{\partial Q_s} \left(\sum_m p_m \frac{\partial q_m}{\partial Q_r} - P_r \right)$$

となるので, いま微分される方の関数を順にならべて,

---

[1] δ_{rs} は $r \neq s$ で 0, $r = s$ で 1 の意味. Kronecker の記号とよばれ, よく使われる.

$$\sum_m p_m \frac{\partial q_m}{\partial P_1}, \quad \sum_m p_m \frac{\partial q_m}{\partial P_2}, \quad \cdots, \quad \sum_m p_m \frac{\partial q_m}{\partial P_f};$$

$$\sum_m p_m \frac{\partial q_m}{\partial Q_1} - P_1, \quad \sum_m p_m \frac{\partial q_m}{\partial Q_2} - P_2, \quad \cdots, \quad \sum_m p_m \frac{\partial q_m}{\partial Q_f} - P_f$$

とし，変数の方を

$$P_1, \quad P_2, \quad \cdots, \quad P_f, \quad Q_1, \quad \cdots, \quad Q_f$$

とならべてみると，(20.8-5) は i 番目の関数を k 番目の変数で微分したものが，k 番目の関数を i 番目の変数で微分したものに等しいことを示している．それゆえ，

$$\left(\sum_m p_m \frac{\partial q_m}{\partial P_1}\right)\delta P_1 + \cdots + \left(\sum_m p_m \frac{\partial q_m}{\partial P_f}\right)\delta P_f$$

$$+ \left(\sum_m p_m \frac{\partial q_m}{\partial Q_1} - P_1\right)\delta Q_1 + \cdots + \left(\sum_m p_m \frac{\partial q_m}{\partial Q_f} - P_f\right)\delta Q_f$$

は全微分になっていなければならない．これを δW と書こう．上の式のおのおのの $\sum$ を 1 度ばらばらにして組みかえれば

$$\sum p_r \delta q_r - \sum P_r \delta Q_r = \delta W, \tag{20.8-6}$$

すなわち (20.7-2) が得られる．したがって $(p_r, q_r) \to (P_r, Q_r)$ の変換は正準であることが証明された．

この Lagrange の括弧式の不変性をもとにして Poisson の括弧式の不変性に移ろう．

正準変数 $q_1, \cdots, q_f, p_1, \cdots, p_f$ の関数を 2 個考え，$u(q_1, \cdots, q_f, p_1, \cdots, p_f), v(q_1, \cdots, q_f, p_1, \cdots, p_f)$ とする．

$$(u, v) \equiv \sum_r \left(\frac{\partial u}{\partial q_r}\frac{\partial v}{\partial p_r} - \frac{\partial u}{\partial p_r}\frac{\partial v}{\partial q_r}\right) \tag{20.8-7}$$

を **Poisson の括弧式**（Poisson's bracket expression）とよぶ．

$$(v, u) = -(u, v) \tag{20.8-8}$$

であることはすぐにわかる．

この Poisson の括弧式は Lagrange の括弧式と密接な関係にある．いま，$q_1, \cdots, q_f, p_1, \cdots, p_f$ の $2f$ 個の変数の関数を $2f$ 個考え

$$u_1 = u_1(q_1, \cdots, q_f, p_1, \cdots, p_f),$$
$$u_2 = u_2(q_1, \cdots, q_f, p_1, \cdots, p_f),$$
$$\cdots\cdots$$
$$u_{2f} = u_{2f}(q_1, \cdots, q_f, p_1, \cdots, p_f)$$

とする．$q_1, \cdots, q_f, p_1, \cdots, p_f$ について解いたとすれば，これらは $u_1, u_2, \cdots, u_{2f}$ の $2f$ 個のものの関数と考えることができるから，Lagrange の括弧式 $[u_i, u_k]$ をつくることができる．それで

$$\sum_{i=1}^{2f} (u_i, u_j)[u_i, u_k]$$

をつくってみよう．

$$\sum_{i=1}^{2f} (u_i, u_j)[u_i, u_k] = \sum_{i,r,s} \left(\frac{\partial u_i}{\partial q_r} \frac{\partial u_j}{\partial p_r} - \frac{\partial u_i}{\partial p_r} \frac{\partial u_j}{\partial q_r} \right) \left(\frac{\partial q_s}{\partial u_i} \frac{\partial p_s}{\partial u_k} - \frac{\partial p_s}{\partial u_i} \frac{\partial q_s}{\partial u_k} \right)$$
$$= \sum_{r,s} \left(\sum_i \frac{\partial u_i}{\partial q_r} \frac{\partial q_s}{\partial u_i} \right) \frac{\partial u_j}{\partial p_r} \frac{\partial p_s}{\partial u_k} - \sum_{r,s} \left(\sum_i \frac{\partial u_i}{\partial q_r} \frac{\partial p_s}{\partial u_i} \right) \frac{\partial u_j}{\partial p_r} \frac{\partial q_s}{\partial u_k}$$
$$- \sum_{r,s} \left(\sum_i \frac{\partial u_i}{\partial p_r} \frac{\partial q_s}{\partial u_i} \right) \frac{\partial u_j}{\partial q_r} \frac{\partial p_s}{\partial u_k} + \sum_{r,s} \left(\sum_i \frac{\partial u_i}{\partial p_r} \frac{\partial p_s}{\partial u_i} \right) \frac{\partial u_j}{\partial q_r} \frac{\partial q_s}{\partial u_k}.$$

第 1 項で

$$\sum_i \frac{\partial u_i}{\partial q_r} \frac{\partial q_s}{\partial u_i} = \sum_i \frac{\partial q_s}{\partial u_i} \frac{\partial u_i}{\partial q_r} = \frac{\partial q_s}{\partial q_r} = \delta_{rs},$$

第 4 項で

$$\sum_i \frac{\partial u_i}{\partial p_r} \frac{\partial p_s}{\partial u_i} = \sum_i \frac{\partial p_s}{\partial u_i} \frac{\partial u_i}{\partial p_r} = \frac{\partial p_s}{\partial p_r} = \delta_{rs},$$

第 2 項で

$$\sum_i \frac{\partial u_i}{\partial q_r} \frac{\partial p_s}{\partial u_i} = \sum_i \frac{\partial p_s}{\partial u_i} \frac{\partial u_i}{\partial q_r} = \frac{\partial p_s}{\partial q_r} = 0,$$

第 3 項で

$$\sum_i \frac{\partial u_i}{\partial p_r} \frac{\partial q_s}{\partial u_i} = \sum_i \frac{\partial q_s}{\partial u_i} \frac{\partial u_i}{\partial p_r} = \frac{\partial q_s}{\partial p_r} = 0.$$

それゆえ，

$$\sum_{i=1}^{2f} (u_i, u_j)[u_i, u_k] = \sum_r \frac{\partial u_j}{\partial p_r} \frac{\partial p_r}{\partial u_k} + \sum_r \frac{\partial u_j}{\partial q_r} \frac{\partial q_r}{\partial u_k} = \frac{\partial u_j}{\partial u_k}.$$

このようにして

$$\sum_i (u_i, u_j)[u_i, u_k] = \delta_{jk} \qquad (20.8\text{-}9)$$

という Lagrange の括弧式と Poisson の括弧式の関係が得られた.

この式を $2f \times 2f$ 個の未知量 (u_i, u_j) についての $2f \times 2f$ 個の方程式から成る連立方程式とみて解けば, (u_i, u_j) を $[u_i, u_k]$ によって表わすことができる. ところが $[u_i, u_k]$ はどれも正準変換に対して不変であるから (u_i, u_j) のどれもが正準変換に対して不変である.(20.8-7)に帰って, 与えられた 2 個の関数 $u(q_1, \cdots, q_f, p_1, \cdots, p_f), v(q_1, \cdots, q_f, p_1, \cdots, p_f)$ があるとき, これらを u_1, u_2 とし, それに $u_3, \cdots, u_{2f}$ の関数(任意の)をつけ加えて $u_1, \cdots, u_{2f}$ をつくったと考えれば

Poisson の括弧式　$(u, v) \equiv \sum_r \left(\dfrac{\partial u}{\partial q_r} \dfrac{\partial v}{\partial p_r} - \dfrac{\partial u}{\partial p_r} \dfrac{\partial v}{\partial q_r} \right)$　は正準変換に対して不変量である

ことがわかる.[1]

$u_1, \cdots, u_{2f}$ をそれぞれ $Q_1, \cdots, Q_f, P_1, \cdots, P_f$ ととろう.(20.8-9)の $\sum_i$ の $i = 1, \cdots, f$ に対しては Q の方を, $i = f+1, \cdots, 2f$ に対しては P の方から 1 つずつとる.(20.8-9)は

$$\sum_{t=1}^{f} (Q_t, Q_r)[Q_t, Q_s] + \sum_{t=1}^{f} (P_t, Q_r)[P_t, Q_s] = \delta_{rs}.$$

左辺の第 1 項は Lagrange の括弧式についての式(20.8-4)によって 0 であるし, 第 2 項では $t = s$ の項だけが残り,

$$(P_s, Q_r)[P_s, Q_s] = \delta_{rs}$$

となる.もう 1 度(20.8-4)を使って

$$(Q_r, P_s) = \delta_{rs}$$

となる.同様に u_j に Q_r, u_k に P_s とおき, また u_j に P_r, u_k に Q_s とおいて

$$(Q_r, Q_s) = 0, \qquad (P_r, P_s) = 0.$$

$$(20.8\text{-}10)$$

---

[1]　いまの証明は Lagrange の括弧式が §20.7 の不変量に直接の関係を持つことから, これを通して Poisson の括弧式の不変性を導き出す道筋になっている. 直接の Poisson の括弧式の正準不変性の証明は, H. C. Corben and Philip Stehle: *Classical Mechanics*, 2nd ed.(John Wiley & Sons, 1960)221 ページ.

これらの式はもちろん $p_1, \cdots, p_f, q_1, \cdots, q_f$ についても成り立つ.

逆に (20.8-10) が成り立てば (20.8-4), (20.8-9) から (20.8-10) を導いたのとまったく同様にして, (20.8-10) と (20.8-9) とから (20.8-4) を導くことができるから, 結局

(p, q) から (P, Q) への変換が正準であるためには
$$(Q_r, P_s) = \delta_{rs}, \quad (Q_r, Q_s) = 0, \quad (P_r, P_s) = 0$$
が成り立つことが, 必要でしかも十分である

ことがわかる.

次に Poisson の括弧式を含む力学の公式, Poisson の括弧式のいろいろな性質を導くが, 量子力学にはこれらに対応する式が存在する.[1]

いま, 任意の関数 $F(p_1, \cdots, p_f, q_1, \cdots, q_f\,;\,t)$ の時間的微分を考えよう.
$$\frac{dF}{dt} = \sum_{r=1}^{f} \left(\frac{\partial F}{\partial p_r} \frac{dp_r}{dt} + \frac{\partial F}{\partial q_r} \frac{dq_r}{dt} \right) + \frac{\partial F}{\partial t}.$$
正準方程式 (20.1-1) によって
$$\frac{dF}{dt} = \sum_{r=1}^{f} \left(\frac{\partial F}{\partial q_r} \frac{\partial H}{\partial p_r} - \frac{\partial F}{\partial p_r} \frac{\partial H}{\partial q_r} \right) + \frac{\partial F}{\partial t}.$$
したがって
$$\frac{dF}{dt} = (F, H) + \frac{\partial F}{\partial t} \tag{20.8-11}$$
となる. F が t を陽に含まないときには
$$\frac{dF}{dt} = (F, H) \tag{20.8-12}$$
となる. 特に $F = q_r$ とおいたり, $F = p_r$ とおいたりすると, 正準方程式は
$$\frac{dq_r}{dt} = (q_r, H), \quad \frac{dp_r}{dt} = (p_r, H) \tag{20.8-13}$$
と書くことができる.

Poisson の括弧式には次のような性質がある.

(a)　$(u, v) = -(v, u), \quad (u, u) = 0.$ $\hspace{2cm}$ (20.8-14)

---

1)　P. A. M. Dirac (前出. 105 ページ).

(b)　$(u_1 + u_2, v_1 + v_2) = (u_1, v_1) + (u_2, v_1) + (u_1, v_2) + (u_2, v_2).$

$$(20.8\text{-}15)$$

(c)　$(u, vw) = v(u, w) + w(u, v).$　　　　　$(20.8\text{-}16)$

(d)　$U = U(u_1, u_2, \cdots, u_k),\ \ V = V(u_1, u_2, \cdots, u_k)$ で $u_1, \cdots, u_k$ はそれぞれ $q_1,$ $\cdots, q_f, p_1, \cdots, p_f$ の関数であるとき

$$(U, V) = \sum_r \left(\frac{\partial U}{\partial q_r} \frac{\partial V}{\partial p_r} - \frac{\partial U}{\partial p_r} \frac{\partial V}{\partial q_r} \right)$$

$$= \sum_r \left\{ \left(\sum_\rho \frac{\partial U}{\partial u_\rho} \frac{\partial u_\rho}{\partial q_r} \right) \left(\sum_\lambda \frac{\partial V}{\partial u_\lambda} \frac{\partial u_\lambda}{\partial p_r} \right) - \left(\sum_\rho \frac{\partial U}{\partial u_\rho} \frac{\partial u_\rho}{\partial p_r} \right) \left(\sum_\lambda \frac{\partial V}{\partial u_\lambda} \frac{\partial u_\lambda}{\partial q_r} \right) \right\}$$

$$= \sum_{\lambda, \rho = 1}^k \frac{\partial U}{\partial u_\rho} \frac{\partial V}{\partial u_\lambda} (u_\rho, u_\lambda) = \sum_{\lambda < \rho} \left(\frac{\partial U}{\partial u_\rho} \frac{\partial V}{\partial u_\lambda} - \frac{\partial U}{\partial u_\lambda} \frac{\partial V}{\partial u_\rho} \right)(u_\rho, u_\lambda),$$

つまり,

$$(U, V) = \sum_{\lambda < \rho} \left(\frac{\partial U}{\partial u_\rho} \frac{\partial V}{\partial u_\lambda} - \frac{\partial U}{\partial u_\lambda} \frac{\partial V}{\partial u_\rho} \right)(u_\rho, u_\lambda). \qquad (20.8\text{-}17)$$

(e)　$(u, v, w) \equiv (u, (v, w)) + (v, (w, u)) + (w, (u, v)) = 0.$　　　$(20.8\text{-}18)$

(Poisson の恒等式)[2]

Hamiltonian H が t を陽に含まないときには, $(20.8\text{-}12)$ で $F = H$ とおいて

$$\frac{dH}{dt} = (H, H) = 0, \qquad \text{したがって} \qquad H = \text{一定}$$

となる.

また, $F(p_1, \cdots, p_f, q_1, \cdots, q_f)$ が t を陽に含まないで, Hamiltonian H について

$$(F, H) = (H, F)$$

ならば $(F, H) = -(H, F) = (H, F)$ となるから $(F, H) = 0$, したがって $(20.8\text{-}12)$ によって

$$F = \text{一定}$$

となる. つまり,

> 時間を陽に含まず Hamiltonian と交換可能な量は一定である [3](次頁)

---

2)　Jacobi の恒等式ともいう.

ということになる.

最後に $F(p_1, \cdots, p_f, q_1, \cdots, q_f) = $ 一定 と $G(p_1, \cdots, p_f, q_1, \cdots, q_f) = $ 一定 が運動の積分であるとすれば

$$(F, H) = 0, \quad (G, H) = 0$$

である. Poisson の恒等式 (20.8-18) で $u = F,\ v = G,\ w = H$ とおけば

$$(F, (G, H)) + (G, (H, F)) + (H, (F, G)) = 0$$

となるが, 上に述べたことによってはじめの2項は消えて最後の項だけが残る. これから $(F, G) = $ 一定 が導かれる. つまり

$F(p_1, \cdots, p_f, q_1, \cdots, q_f) = $ 一定, $G(p_1, \cdots, p_f, q_1, \cdots, q_f) = $ 一定 であれば
$$(F, G) = 一定$$
である.

=========== **第20章 問題** ===========

1 次の母関数から導かれる正準変換を求めよ.

(a) $W = q_1 P_1 + q_1 P_2 + q_2 P_2.$

(b) $W = q_1 P_1 + q_1 P_2 + q_2 P_1 - q_2 P_2.$

(c) $W = q_1 P_1 + q_1 P_2 + q_1 P_3 + q_2 P_2 + q_2 P_3 + q_3 P_3.$

2 次の変換はそれぞれ正準変換であることを示せ.

(a) $Q = \sqrt{2q}\, e^k \cos p, \quad P = \sqrt{2q}\, e^{-k} \sin p.$

(b) $Q = \log\left(\dfrac{1}{q} \sin p\right), \quad P = q \cot p.$

3 Lagrange の括弧式を使って,

$$q_1 = \lambda_1^{-1/2}(2Q_1)^{1/2} \cos P_1 + \lambda_2^{-1/2}(2Q_2)^{1/2} \cos P_2,$$
$$q_2 = -\lambda_1^{-1/2}(2Q_1)^{1/2} \cos P_1 + \lambda_2^{-1/2}(2Q_2)^{1/2} \cos P_2,$$
$$p_1 = \frac{1}{2}(2\lambda_1 Q_1)^{1/2} \sin P_1 + \frac{1}{2}(2\lambda_2 Q_2)^{1/2} \sin P_2,$$
$$p_2 = -\frac{1}{2}(2\lambda_1 Q_1)^{1/2} \sin P_1 + \frac{1}{2}(2\lambda_2 Q_2)^{1/2} \sin P_2$$

---

3) この古典力学の結果と同じ表現をもつ量子力学の定理は, たとえば, 原島鮮:「初等量子力学」(裳華房, 1972) 114 ページ, (8.5-6) 式.

で与えられる変換は正準変換であることを示せ.

4 Hamiltonian が $H = \dfrac{1}{2}p^2 - \dfrac{\mu}{q}$ で与えられる場合の Hamilton-Jacobi の偏微分方程式を解いて運動を求めよ.

5 放物運動を Hamilton-Jacobi の偏微分方程式を解くことによって調べよ.

6 物理振り子についての Hamilton-Jacobi の偏微分方程式を解いて調べよ.

7 1つの質点の原点についての角運動量の成分を L_x, L_y, L_z とすれば
$$(L_x, L_y) = L_z, \qquad (L_y, L_z) = L_x, \qquad (L_z, L_x) = L_y$$
であることを示せ.

8 角運動量 L_x, L_y, L_z のうち2つが一定であるならば,残りの1つも一定であることを Poisson の恒等式によって示せ.

9
$$\begin{vmatrix} [u_1, u_1] & [u_1, u_2] & \cdots & [u_1, u_{2f}] \\ [u_2, u_1] & [u_2, u_2] & \cdots & [u_2, u_{2f}] \\ \cdots & \cdots & \cdots & \cdots \\ [u_{2f}, u_1] & [u_{2f}, u_2] & \cdots & [u_{2f}, u_{2f}] \end{vmatrix}$$
$$= \begin{vmatrix} (u_1, u_1) & (u_2, u_1) & \cdots & (u_{2f}, u_1) \\ (u_1, u_2) & (u_2, u_2) & \cdots & (u_{2f}, u_2) \\ \cdots & \cdots & \cdots & \cdots \\ (u_1, u_{2f}) & (u_2, u_{2f}) & \cdots & (u_{2f}, u_{2f}) \end{vmatrix}^{-1}$$
であることを証明せよ.

10
$$(u, v)_{q,p} = \sum_r \left(\frac{\partial u}{\partial q_r} \frac{\partial v}{\partial p_r} - \frac{\partial u}{\partial p_r} \frac{\partial v}{\partial q_r} \right)$$
に $q_r = q_r(Q_1, \cdots, Q_f, P_1, \cdots, P_f),\ p_r = p_r(Q_1, \cdots, Q_f, P_1, \cdots, P_f)$ の変換(正準変換とはかぎらない任意の変換)を行なって,
$$(u, v)_{q,p} = \sum_{s,t} \frac{\partial u}{\partial Q_s} \frac{\partial v}{\partial Q_t}(Q_s, Q_t)_{q,p} + \sum_{s,t} \frac{\partial u}{\partial Q_s} \frac{\partial v}{\partial P_t}(Q_s, P_t)_{q,p}$$
$$+ \sum_{s,t} \frac{\partial u}{\partial P_s} \frac{\partial v}{\partial Q_t}(P_s, Q_t)_{q,p} + \sum_{s,t} \frac{\partial u}{\partial P_s} \frac{\partial v}{\partial P_t}(P_s, P_t)_{q,p}$$
を導き,特に Q, P が正準変数であるときには(20.8-10)によって
$$(u, v)_{q,p} = (u, v)_{Q,P}$$
すなわち,Poisson の括弧式は正準変換に対する不変量であることを示せ.

21

振動の一般論

§21.1 平衡の条件と安定の条件

　この章では質点系がその平衡の位置の付近で小振動を行なう場合を考える．具体的な例については Lagrange の運動方程式を使う例題として §18.2 で学んだが，ここでは一般的な議論をしておこう．この章で学ぶ数学的な理論は物理のいろいろな部門と関連が深い．

　平衡点付近の小振動が研究されたはじまりは Galilei が振り子の運動を観察したことにあると思われるが，今日では力学的構造物の振動，分子を構成する原子の振動，固体（結晶）内の分子・原子の振動などに適用される．また質点系の振動の理論から，連続体の振動の理論に移行することもできる．[1]

　いくつかの質点から成り立つ系を考え，その一般化された座標を $q_1, q_2, \cdots, q_f$ とする．Lagrange の運動方程式は

$$\frac{d}{dt}\left(\frac{\partial L}{\partial \dot{q}_r}\right) = \frac{\partial L}{\partial q_r}$$

で，平衡の位置では $\dot{q}_1 = \cdots = \dot{q}_f = 0$, $\ddot{q}_1 = \cdots = \ddot{q}_f = 0$ であるから

$$\frac{\partial L}{\partial q_r} = 0 \qquad (r = 1, \cdots, f) \tag{21.1-1}$$

---

1) 振動の理論については，戸田盛和：「振動論」（培風館，1968），有山正孝：「振動・波動」（基礎物理学選書 8，裳華房，1970），小橋豊：「音と音波」（基礎物理学選書 4，裳華房，1969）参照．

を満足する．これら f 個の式から $q_1, q_2, \cdots, q_f$ が求められるが，これらの値を改めて $q_1, q_2, \cdots, q_f$ の原点にとれば，平衡位置で

$$q_1 = 0, \quad q_2 = 0, \quad \cdots, \quad q_f = 0 \qquad (21.1\text{-}2)$$

として一般性を失わないことになる．

　この平衡位置の付近での速度の小さな運動を調べよう．前に平衡位置付近でこの平衡位置から少しずらして静かに放すとき，もとの方に向けて動けば安定，そうでなければ安定でないと考えたが，もっと一般的にいえば，

> 平衡位置付近の速度の小さい運動を考えるとき，どの運動についても，いつまでもはじめの平衡点付近で運動する場合は安定である．そうでない場合，すなわち，ある初期条件に対して速度がしだいに大きくなったり，ちがう平衡点に移ってしまうような場合は不安定な場合

と考えられよう．[2]

　Lagrangian が $L = T - U$ で，T が $\dot{q}_1, \dot{q}_2, \cdots, \dot{q}_f$ の 2 次の同次式である場合を考えよう．

$$T = \frac{1}{2} \sum_{j,k} b_{jk} \dot{q}_j \dot{q}_k, \qquad b_{jk} = b_{kj}. \qquad (21.1\text{-}3)$$

b_{jk} が $q_1, q_2, \cdots, q_f$ の関数であるとして，これを展開すれば定数項以外の項は $\dot{q}_j \dot{q}_k$ と掛け合わさって高次の微小量となるからこれは棄てる．したがって (21.1-3) の b_{jk} はすべて定数と考えてよい．そうすると T に $q_1, \cdots, q_f$ が含まれないことになるから，(21.1-1) の平衡条件は

$$\left(\frac{\partial U}{\partial q_r} \right)_{q_1=0, \cdots, q_f=0} = 0 \qquad (r = 1, \cdots, f) \qquad (21.1\text{-}4)$$

となる．

　U を $q_1, \cdots, q_f$ で展開すれば

$$U = U_0 + \sum_r c_r q_r + \frac{1}{2} \sum_{j,k} c_{jk} q_j q_k \qquad (21.1\text{-}5)$$

---

2) このように考えると，いわゆる中立の場合は不安定な場合になってしまうが，速度のある場合を考えるかぎり，もとの位置にもどらないという意味では不安定であろう．しかしこのような定義のちがいは本質的なものではない．

であるが，（21.1-4）によって $c_1, c_2, \cdots, c_f$ は全部 0 でなければならない．また $U_0 = 0$ とおいても一般性は失われないから，

$$U = \frac{1}{2} \sum_{j,k} c_{jk} q_j q_k \qquad (21.1\text{-}6)$$

が位置エネルギー U の式となる．

$q_1 = q_2 = \cdots = q_f = 0$ が安定な平衡の位置であるための条件を求めよう． §14.3 の議論によれば U が極小値をとるような位置であるが，§14.3 では，平衡位置から少しずらして初速度 0 で放すときどうなるかの議論であった．上にもっと一般的な立場で考えたが，平衡位置またはその付近で小さな速度で投げ出した後，この平衡位置の付近をいつまでも運動するかどうかを考えた方がよいであろう．Dirichlet（ディリクレ）[1] の条件というのがこれである．

いま，質点系が位置エネルギーの極小点付近で運動しているものとする．この極小点に静止する状態でのエネルギーをエネルギーの基準にとれば，力学的エネルギー保存の法則は

$$T + U = \varepsilon > 0$$

となる．T は正または 0 であるから，質点系の平衡位置からのずれは U の値が ε できめられる小さな値の範囲にとどまり，ε が 0 に近づけばこのずれも 0 に近づく．すなわち，平衡位置は安定である（安定の十分条件）．

逆に平衡位置が安定ならば，U は極小でなければならないことを導き出すのは少し複雑である．W. Thomson の考え方にしたがうことにしよう．[2]

仮に U が極小ではないとする．平衡位置の任意の近傍にもっと U が低いような位置がなければならないが，この位置での静止の状態（$T = 0$）から質点系が動き出すとする．これからが少し苦しい議論になる．

> 質点系にはいくら小さくてもよいから抵抗が働く

ものとする．質点系が運動する以上この抵抗によって $T + U$ は減少していかなければならない．T は負になれないから U が減少していかなければならな

---

1) P. L. Dirichlet（1805 〜 1859）．ドイツの数学者．
2) H. Lamb : *Higher Mechanics*（Cambridge Univ. Press, 1920）209 ページ．

い．それゆえ，質点系はもっと U の低い値（つまり $U < 0$ であるような）の位置に移り，そこで運動するか静止してしまうかであるが，どちらにしても平衡位置付近にはいられない．上に考えた抵抗はいくら小さいと考えても 0 でないかぎり質点系ははじめ出発した位置よりも位置エネルギーの低い方に行ってしまう．それで

> 平衡位置が安定であるための必要で十分な条件は，その位置での位置エネルギーが極小であることである

ことがわかった．つまり，平衡が安定である条件として

$$U = \frac{1}{2}\sum_{j,k} c_{jk} q_j q_k = \text{正値 2 次形式}^{3)} \tag{21.1-7}$$

が得られる．

§21.2 小 振 動

Lagrangian が

$$L = T - U, \tag{21.2-1}$$

$$2T = \sum_{j,k} b_{jk}\dot{q}_j\dot{q}_k = b_{11}\dot{q}_1{}^2 + b_{22}\dot{q}_2{}^2 + \cdots + 2b_{12}\dot{q}_1\dot{q}_2 + \cdots, \tag{21.2-2}$$

$$2U = \sum_{j,k} c_{jk} q_j q_k = c_{11}q_1{}^2 + c_{22}q_2{}^2 + \cdots + 2c_{12}q_1 q_2 + \cdots, \tag{21.2-3}$$

$$b_{jk} = b_{kj}, \qquad c_{jk} = c_{kj} \tag{21.2-4}$$

で与えられる系の運動を考えよう．Lagrange の運動方程式は

$$\left.\begin{aligned}
b_{11}\ddot{q}_1 + b_{12}\ddot{q}_2 + \cdots + b_{1f}\ddot{q}_f + c_{11}q_1 + c_{12}q_2 + \cdots + c_{1f}q_f = 0,\\
b_{21}\ddot{q}_1 + b_{22}\ddot{q}_2 + \cdots + b_{2f}\ddot{q}_f + c_{21}q_1 + c_{22}q_2 + \cdots + c_{2f}q_f = 0,\\
\cdots\cdots\\
b_{f1}\ddot{q}_1 + b_{f2}\ddot{q}_2 + \cdots + b_{ff}\ddot{q}_f + c_{f1}q_1 + c_{f2}q_2 + \cdots + c_{ff}q_f = 0.
\end{aligned}\right\} \tag{21.2-5}$$

---

3)　$q_1 = q_2 = \cdots = q_f = 0$ を除く $q_1, \cdots, q_f$ に対して正の値を持つ 2 次の同次式．

これは§18.2で考えた（18.2-2）の連立微分方程式と同じ型のものであるが，§18.2の方法にしたがうと

$$
\left.
\begin{aligned}
q_1 &= A_1 \cos(\omega t + \alpha), \\
q_2 &= A_2 \cos(\omega t + \alpha), \\
&\cdots\cdots \\
q_f &= A_f \cos(\omega t + \alpha)
\end{aligned}
\right\}
\tag{21.2-6}
$$

とおくことになり，具体的な問題を解く場合にはそれがもっともおすすめしたい方法と思われるが，いま（21.2-5）の型の微分方程式の解法のふつうの仕方にしたがって

$$
q_1 = A_1 e^{\pm i\sqrt{\lambda}\,t}, \quad q_2 = A_2 e^{\pm i\sqrt{\lambda}\,t}, \quad \cdots
\tag{21.2-7}
$$

とおくことにしよう。[1]　（21.2-5）は

$$
\left.
\begin{aligned}
(c_{11} - \lambda b_{11})A_1 + (c_{12} - \lambda b_{12})A_2 + \cdots + (c_{1f} - \lambda b_{1f})A_f &= 0, \\
(c_{21} - \lambda b_{21})A_1 + (c_{22} - \lambda b_{22})A_2 + \cdots + (c_{2f} - \lambda b_{2f})A_f &= 0, \\
&\cdots\cdots \\
(c_{f1} - \lambda b_{f1})A_1 + (c_{f2} - \lambda b_{f2})A_2 + \cdots + (c_{ff} - \lambda b_{ff})A_f &= 0.
\end{aligned}
\right\}
$$

$$
\tag{21.2-8}
$$

　実際に運動がなされるため，すなわち，$A_1, \cdots, A_f$ のすべてがそろって 0 となることがないためには，$A_1, \cdots, A_f$ の係数でつくった行列式が 0 にならなければならない。

$$
\begin{vmatrix}
c_{11} - \lambda b_{11} & c_{12} - \lambda b_{12} & \cdots & c_{1f} - \lambda b_{1f} \\
c_{21} - \lambda b_{21} & c_{22} - \lambda b_{22} & \cdots & c_{2f} - \lambda b_{2f} \\
\cdots & \cdots & \cdots & \cdots \\
c_{f1} - \lambda b_{f1} & c_{f2} - \lambda b_{f2} & \cdots & c_{ff} - \lambda b_{ff}
\end{vmatrix}
= 0.
\tag{21.2-9}
$$

これは λ についての f 次の方程式であるが，**永年方程式**（secular equation）[2]とよばれている。その根を $\lambda', \lambda'', \cdots, \lambda^{(f)}$ としよう。この節ではしばらく根は

---

1)　もっとも通常の型にしたがえば $q_1 = A_1 e^{\lambda t}$, $q_2 = A_2 e^{\lambda t}$ とおくのであると思われるが，ここでは便宜上（21.2-7）のようにおいた。一般性は失われない。

2)　天文学で 1 つの体系に対する他の体系の影響（摂動，perturbation）を考えに入れるとき，長年月にわたっての影響の理論にこの形の方程式が出てくるので "永年（secular）" という名がある。量子力学の摂動論でも出てくる。小出昭一郎：「量子力学 I 」（基礎物理学選書 5A，裳華房，1969）127, 154, 193, 210 ページ。

すべてちがうものとする. すなわち重根はないものとする. $\lambda', \lambda'', \cdots, \lambda^{(f)}$ がきまると, そのおのおのに対し $A_1^{(l)} : A_2^{(l)} : \cdots : A_f^{(l)}$ がきまる. l は $\lambda^{(l)}$ の l で, 根の番号である.

(21.2-8), (21.2-9) をマトリックスを使う簡潔な書き方に改めよう.

$$C_{\text{mat}} = \begin{pmatrix} c_{11} & c_{12} & \cdots & c_{1f} \\ c_{21} & c_{22} & \cdots & c_{2f} \\ \cdots & \cdots & \cdots & \cdots \\ c_{f1} & c_{f2} & \cdots & c_{ff} \end{pmatrix}, \quad B_{\text{mat}} = \begin{pmatrix} b_{11} & b_{12} & \cdots & b_{1f} \\ b_{21} & b_{22} & \cdots & b_{2f} \\ \cdots & \cdots & \cdots & \cdots \\ b_{f1} & b_{f2} & \cdots & b_{ff} \end{pmatrix}^{3)}$$

$$(21.2\text{-}10)$$

とし, ベクトル $\boldsymbol{a}^{(l)}$ を

$$\boldsymbol{a}^{(l)} = (A_1^{(l)}, A_2^{(l)}, \cdots, A_f^{(l)}), \quad l \text{ は永年方程式の根の番号}$$

$$(21.2\text{-}11)$$

で表わす (ベクトルは縦書きにする方が便利である). (21.2-8) は

$$C_{\text{mat}} \boldsymbol{a}^{(l)} = \lambda^{(l)} B_{\text{mat}} \boldsymbol{a}^{(l)} \tag{21.2-12}$$

となる. 永年方程式 (21.2-9) は簡単に

$$\det(C_{\text{mat}} - \lambda B_{\text{mat}}) = 0 \tag{21.2-13}$$

と書かれる.

$$2T = \dot{q}_1^2 + \dot{q}_2^2 + \cdots + \dot{q}_f^2 \tag{21.2-14}$$

の形で B_{mat} が単位行列 E_{mat} で

$$B_{\text{mat}} = E_{\text{mat}} = \begin{pmatrix} 1 & 0 & \cdots & 0 \\ 0 & 1 & \cdots & 0 \\ & & \cdots\cdots & \\ 0 & 0 & \cdots & 1 \end{pmatrix}$$

であるときには, (21.2-12), (21.2-13) は

$$C_{\text{mat}} \boldsymbol{a}^{(l)} = \lambda^{(l)} \boldsymbol{a}^{(l)}, \tag{21.2-15}$$

$$\det(C_{\text{mat}} - \lambda E_{\text{mat}}) = 0 \tag{21.2-16}$$

となる. これは**マトリックス $\boldsymbol{C}_{\text{mat}}$ の固有値を求める問題**とよばれ, 力学ばかりでなく物理のいろいろな場合に出てくるものである. いまはより一般な場合,

---

3) この書物ではマトリックスを使うことはあまりないので $C_{\text{mat}}, B_{\text{mat}}$ のようにマトリックスであることを明示する添字を使うことにする. また $\det(A_{\text{mat}})$ とあれば, マトリックス A と同じ要素を持つ行列式 (determinant) のことである.

(21.2-12), (21.2-13) で与えられる場合を考えていこう.

(21.2-12) の両辺の j 番目の成分を求めれば

$$\sum_k c_{jk} A_k^{(l)} = \lambda^{(l)} \sum_k b_{jk} A_k^{(l)} \tag{21.2-17}$$

である.

(21.2-4) によると B, C は対称マトリックスであるが, いま条件をゆるめて

B は実数の対称マトリックス, C はエルミート的 (hermitic) マトリックス, すなわち $*$ で複素共役を表わして,

$$b_{jk} = b_{kj}, \qquad c_{jk} = c_{kj}{}^* \tag{21.2-18}$$

とし, また

$$\sum_{j,k} b_{jk} \dot{q}_j \dot{q}_k = \text{正値 2 次形式} \tag{21.2-19}$$

であるとしよう. そのとき

(21.2-12) を満たす $\lambda^{(l)}$ は実数である

ことが証明できる.

証明 (21.2-17) とその共役複素をとったものをならべる. C がエルミート的であることを使う.

$$\sum_k c_{jk} A_k^{(l)} = \lambda^{(l)} \sum_k b_{jk} A_k^{(l)}, \tag{21.2-20}$$

$$\sum_k c_{kj} A_k^{(l)*} = \lambda^{(l)*} \sum_k b_{jk} A_k^{(l)*}. \tag{21.2-21}$$

(21.2-21) で k と j との役割を交換して, B が対称であることを使って,

$$\sum_j c_{jk} A_j^{(l)*} = \lambda^{(l)*} \sum_j b_{jk} A_j^{(l)*}. \tag{21.2-22}$$

(21.2-20) に $A_j^{(l)*}$ を掛け j について加える.

$$\sum_{j,k} c_{jk} A_j^{(l)*} A_k^{(l)} = \lambda^{(l)} \sum_{j,k} b_{jk} A_j^{(l)*} A_k^{(l)}. \tag{21.2-23}$$

(21.2-22) に $A_k^{(l)}$ を掛け k について加える.

$$\sum_{j,k} c_{jk} A_j^{(l)*} A_k^{(l)} = \lambda^{(l)*} \sum_{j,k} b_{jk} A_j^{(l)*} A_k^{(l)}. \tag{21.2-24}$$

これら 2 つの式の差をとって

$$(\lambda^{(l)} - \lambda^{(l)*}) \sum_{j,k} b_{jk} A_k^{(l)} A_j^{(l)*} = 0. \tag{21.2-25}$$

いま,

$$A_k^{(l)} = u_k^{(l)} + iv_k^{(l)}, \qquad u_k^{(l)}, v_k^{(l)} : 実数,$$
$$A_j^{(l)*} = u_j^{(l)} - iv_j^{(l)}, \qquad u_j^{(l)}, v_j^{(l)} : 実数$$

とすれば

$$\sum_{j,k} b_{jk} A_k^{(l)} A_j^{(l)*} = \sum_{j,k} b_{jk} \{ u_k^{(l)} u_j^{(l)} + v_k^{(l)} v_j^{(l)} + i(u_j^{(l)} v_k^{(l)} - u_k^{(l)} v_j^{(l)}) \}.$$

$b_{jk} = b_{kj}$ を使えば右辺の虚部分は消える. $\sum b_{jk} u_k^{(l)} u_j^{(l)}$ は $\dot{q}_k = u_k^{(l)}$, $\dot{q}_j = u_j^{(l)}$ とした ときの $2T$ に等しく, (21.2-19) によってこれは正値であるから, $u_k^{(l)} = 0$, $u_j^{(l)} = 0$ $(k, j = 1, \cdots, f)$ を除いて,

$$\sum_{j,k} b_{jk} u_k^{(l)} u_j^{(l)} > 0, \qquad 同様に \qquad \sum_{j,k} b_{jk} v_k^{(l)} v_j^{(l)} > 0.$$

したがって (21.2-25) の $\lambda^{(l)} - \lambda^{(l)*}$ の係数は正で 0 ではない. それゆえ

$$\lambda^{(l)} = \lambda^{(l)*}$$

で, $\lambda^{(l)}$ は実数であることになる.

B が単位行列であるときには, b_{kj} についての上に使った条件は満足される ので

マトリックス C がエルミート的であるならば
$$\boldsymbol{Ca} = \lambda \boldsymbol{a} \tag{21.2-26}$$
の固有値 λ は実数である

となる.

いままで c_{jk} については $c_{jk} = c_{kj}{}^*$ の条件を使ってきたが, もっと条件を強く して c_{jk} は実数で $c_{jk} = c_{kj}$ であり,

$$\sum_{j,k} c_{jk} q_j q_k = 正値 2 次形式$$

という条件を加えれば, (21.2-23) の左辺も正であることが, 右辺の $\lambda^{(l)}$ の係数 が正であることを導いたと同様に示せるので, $\lambda^{(l)}$ は正の値をとることにな る.[1] これらの条件は (21.2-8) の b_{jk}, c_{jk} の満足する条件であるから, (21.2-7) の $\sqrt{\lambda}$ は実数であることになる. すなわち,

---

$$q_1, q_2, \cdots は振動的に変化する$$

---

1)　$\lambda = 0$ になることはありうる.

ことが証明できた．これは §21.1 で説明した Dirichlet, Thomson の理論と一致している．

§18.2 では具体的な問題を解いたが，その場合いままでの一般論での $\sqrt{\lambda}$ にあたる ω が実数で振動的になることは，自然に $\omega' = \sqrt{\dfrac{c}{m}}$，$\omega'' = \sqrt{\dfrac{c+2k}{m}}$ というように答が出てしまったので別に改めて証明する必要もなかったのである．一般論では上に述べたようなこみ入った議論が必要になる．

次の2つの例題を，上のように回り道をせずに論じてみよ．

例題 1　$2T, 2V$ が正値2次形式であることをはじめから使って λ が正であること，したがって $\sqrt{\lambda}$ が実数であることを示せ．

例題 2　運動エネルギー T が $2T = \sum \dot{q}_i{}^2$，位置エネルギー V が $2V = $ 正値2次形式で与えられるとして，λ が正であること，したがって $\sqrt{\lambda}$ が実数であることを本文よりも直接に示せ．

さて，q_j を (21.2-7) にしたがって $q_j = A_j e^{\pm i\sqrt{\lambda}\,t}$ とおくと $\sqrt{\lambda}$ が実数であることがわかるが，そうすると (21.2-8) によって $A_1 : A_2 : A_3 : \cdots$ が実数であることがわかる．それゆえ

$$\left.\begin{array}{l} A_j{}^{(l)} = f^{(l)} a_j{}^{(l)}, \quad f^{(l)} : l \text{ だけによる複素数} \\ \qquad\qquad\qquad\quad a_j{}^{(l)} : \text{実数} \end{array}\right\} \qquad (21.2\text{-}27)$$

と書けることになる．$q_j{}^{(l)}$ は

$$q_j{}^{(l)} = f^{(l)} a_j{}^{(l)} \exp(i\sqrt{\lambda^{(l)}}\,t), \quad q_j{}^{(l)} = f^{(l)} a_j{}^{(l)} \exp(-i\sqrt{\lambda^{(l)}}\,t)$$

と書かれるが，どちらを1つとっても実数解にはならない．q_j が実数であるためには

$$q_j{}^{(l)} = a_j{}^{(l)} \{ f^{(l)} \exp(i\sqrt{\lambda^{(l)}}\,t) + f^{(l)*} \exp(-i\sqrt{\lambda^{(l)}}\,t) \}$$

のように $\exp(i\sqrt{\lambda^{(l)}}\,t)$ の項と $\exp(-i\sqrt{\lambda^{(l)}}\,t)$ の項とが線形に結合したものでなければならない．上の式は微分方程式の特解であるが，一般解はこの式に l による係数を掛けて加えたもので与えられる．この係数を $a_j{}^{(l)}$ に含めて書けば，

$$q_j = \sum_l a_j{}^{(l)} \{ f^{(l)} \exp(i\sqrt{\lambda^{(l)}}\,t) + f^{(l)*} \exp(-i\sqrt{\lambda^{(l)}}\,t) \}$$

$$(21.2\text{-}28)$$

となる.

§21.3　直交関係[1]

$c_{jk} = c_{kj}$ の場合について直交関係というものを説明しよう.

前の節の連立方程式 (21.2-20) に (21.2-27) を入れると

$$\sum_k c_{jk} a_k^{(l)} = \lambda^{(l)} \sum_k b_{jk} a_k^{(l)}. \tag{21.3-1}$$

l の代りに l' ($\neq l$) をとり, (21.3-1) を書けば

$$\sum_k c_{jk} a_k^{(l')} = \lambda^{(l')} \sum_k b_{jk} a_k^{(l')}.$$

j と k との役割を交換し, $c_{jk} = c_{kj}$, $b_{jk} = b_{kj}$ を使えば

$$\sum_j c_{jk} a_j^{(l')} = \lambda^{(l')} \sum_j b_{jk} a_j^{(l')}. \tag{21.3-2}$$

(21.3-1) に $a_j^{(l')}$ を掛け j について加える.

$$\sum_{j,k} c_{jk} a_k^{(l)} a_j^{(l')} = \lambda^{(l)} \sum_{j,k} b_{jk} a_k^{(l)} a_j^{(l')}. \tag{21.3-3}$$

(21.3-2) に $a_k^{(l)}$ を掛け k について加える.

$$\sum_{j,k} c_{jk} a_k^{(l)} a_j^{(l')} = \lambda^{(l')} \sum_{j,k} b_{jk} a_k^{(l)} a_j^{(l')}. \tag{21.3-4}$$

これら2つの式から

$$(\lambda^{(l)} - \lambda^{(l')}) \sum_{j,k} b_{jk} a_k^{(l)} a_j^{(l')} = 0. \tag{21.3-5}$$

方程式 (21.2-9) が重根を持つときには, l, l' がちがっても

$$\lambda^{(l)} = \lambda^{(l')}$$

のこともある. そのような場合は §21.5 にゆずり, いまは

$$\lambda^{(l)} \neq \lambda^{(l')} \tag{21.3-6}$$

としよう. (21.3-5) によって

$$\sum_{j,k} b_{jk} a_k^{(l)} a_j^{(l')} = 0, \qquad l \neq l'. \tag{21.3-7}$$

またこれを (21.3-3) に入れて

$$\sum_{j,k} c_{jk} a_k^{(l)} a_j^{(l')} = 0, \qquad l \neq l'. \tag{21.3-8}$$

---

[1]　この節の直交関係と平行的な関係が量子力学の直交関係にもある. 原島鮮:「初等量子力学 (改訂版)」(裳華房, 1986) 106 ページ.

(21.3-7), (21.3-8) をちがう固有値 $\lambda^{(l)}, \lambda^{(l')}$ に属する解 $(a_1^{(l)}, a_2^{(l)}, \cdots, a_f^{(l)})$ と $(a_1^{(l')}, a_2^{(l')}, \cdots, a_f^{(l')})$ の間に存在する**直交関係**（orthogonal relation）とよぶ.

$$b_{jk} = \delta_{jk} \quad ^{1)} \tag{21.3-9}$$

の場合はよく出てくるが, そのときは (21.3-7) は

$$\sum_k a_k^{(l)} a_k^{(l')} = 0 \tag{21.3-10}$$

となり, ベクトル $\boldsymbol{a}^{(l)}(a_1^{(l)}, a_2^{(l)}, \cdots, a_f^{(l)})$ と $\boldsymbol{a}^{(l')}(a_1^{(l')}, a_2^{(l')}, \cdots, a_f^{(l')})$ の直交関係の通常の形になっていることがわかる. ここでは (21.3-8) も直交関係の一部になっていることに注意せよ.

§21.4 規準座標

いま私たちの使っている一般座標は $q_1, q_2, \cdots, q_f$ であるが

$$\left.\begin{array}{l}
q_1 = a_1'Q' + a_1''Q'' + \cdots + a_1^{(f)}Q^{(f)}, \\
q_2 = a_2'Q' + a_2''Q'' + \cdots + a_2^{(f)}Q^{(f)}, \\
\qquad \cdots\cdots \\
q_f = a_f'Q' + a_f''Q'' + \cdots + a_f^{(f)}Q^{(f)},
\end{array}\right\} \tag{21.4-1}$$

まとめて

$$q_j = \sum_l a_j^{(l)} Q^{(l)} \qquad (j = 1, \cdots, f) \tag{21.4-1}'$$

で与えられる 1 次変換を考え, 一般座標を $(q_1, q_2, \cdots, q_f)$ から $(Q_1, Q_2, \cdots, Q_f)$ に変換する. 運動エネルギー T は

$$2T = \sum_{j,k} b_{jk} \dot{q}_j \dot{q}_k = \sum_{j,k} b_{jk} \sum_l a_j^{(l)} \dot{Q}^{(l)} \sum_{l'} a_k^{(l')} \dot{Q}^{(l')}$$

$$= \sum_{l,l'} \left\{ \sum_{j,k} b_{jk} a_j^{(l)} a_k^{(l')} \right\} \dot{Q}^{(l)} \dot{Q}^{(l')}.$$

$l \neq l'$ に対して直交関係 (21.3-7) によって $\dot{Q}^{(l)} \dot{Q}^{(l')}$ の係数は 0 である. また $l = l'$ に対しては $(\dot{Q}^{(l)})^2$ の係数は $\sum_{j,k} b_{jk} a_j^{(l)} a_k^{(l)}$ となるが, $a_j^{(l)}, a_k^{(l)}$ の因数を加減して

$$\sum_{j,k} b_{jk} a_j^{(l)} a_k^{(l)} = 1 \tag{21.4-2}$$

---

1) δ_{jk} は Kronecker の記号. $\delta_{jk} = 1, \; j = k \,; \delta_{jk} = 0, \; j \neq k$.

にすることができる. このことを $\boldsymbol{a}^{(l)}$ を**規格化**（normalize）するという. そうすると

$$2T = \sum_l (\dot{Q}^{(l)})^2 \qquad (21.4\text{-}3)$$

となる. このとき $Q', Q'', \cdots, Q^{(f)}$ を**規準座標**（normal coordinates）という. 位置エネルギーは同様に直交関係（21.3-8）によって

$$2U = \sum_l \left\{ \sum_{j,k} c_{jk} a_j{}^{(l)} a_k{}^{(l)} \right\} (Q^{(l)})^2$$

となるが，（21.3-3），（21.4-2）を使って

$$2U = \sum_l \lambda^{(l)} (Q^{(l)})^2 \qquad (21.4\text{-}4)$$

となる.

（21.4-3），（21.4-4）から Lagrangian は

$$L = \frac{1}{2} \sum_l (\dot{Q}^{(l)})^2 - \frac{1}{2} \sum_l \lambda^{(l)} (Q^{(l)})^2 \qquad (21.4\text{-}5)$$

となり，Lagrange の運動方程式は

$$\ddot{Q}^{(l)} = -\lambda^{(l)} Q^{(l)} \qquad (l = 1, \cdots, f). \qquad (21.4\text{-}6)$$

したがって

$$Q^{(l)} = D^{(l)} \cos(\sqrt{\lambda^{(l)}}\, t + \alpha^{(l)}) \qquad (l = 1, \cdots, f) \qquad (21.4\text{-}7)$$

となる. これを（21.4-1）に代入すれば，はじめに選んだ一般座標 $q_1, \cdots, q_f$ についての解が得られる.

§21.5 重根のある場合

永年方程式に重根がある場合には，固有値が**縮退**（degenerate）[2] しているという. §21.3 の議論で $\lambda^{(l)} = \lambda^{(l')}$ のときには（21.3-5）から直交条件（21.3-7）は出てこない. この重根の議論を簡単にするため最初の 2 つの根 λ', λ'' が重根であるとしよう. $\lambda', \lambda'', \lambda''', \cdots$ に対する $\boldsymbol{a}^{(l)}$ を

---

2) 量子力学にもこれに平行する事柄がある. 原島鮮：「初等量子力学」（裳華房，1972）108 ページ.

$$
\left.\begin{array}{l}
\lambda' \text{ に対して } \boldsymbol{a}'(a_1{}', a_2{}', a_3{}', \cdots, a_f{}'), \\
\lambda'' \text{ に対して } \boldsymbol{a}''(a_1{}'', a_2{}'', a_3{}'', \cdots, a_f{}''), \\
\lambda''' \text{ に対して } \boldsymbol{a}'''(a_1{}''', a_2{}''', a_3{}''', \cdots, a_f{}'''), \\
\cdots\cdots
\end{array}\right\} \tag{21.5-1}
$$

とする. $\boldsymbol{a}', \boldsymbol{a}''$ と $\boldsymbol{a}'''$ 以下の $\boldsymbol{a}^{(l)}$ とは直交している. すなわち (21.3-7) によって, $l \geqq 3$ に対して

$$
\sum_{j,k} b_{jk} a_k{}' a_j{}^{(l)} = 0, \qquad \sum_{j,k} b_{jk} a_k{}'' a_j{}^{(l)} = 0.
$$

しかし $\boldsymbol{a}'$ と $\boldsymbol{a}''$ とは必ずしも直交していない. $\boldsymbol{a}'$ と $\boldsymbol{a}''$ との線形結合

$$
\boldsymbol{a} = c_1 \boldsymbol{a}' + c_2 \boldsymbol{a}''
$$

は $\boldsymbol{a}^{(l)}$ ($l \geqq 3$) とは直交している. $\boldsymbol{a}$ と $\boldsymbol{a}'$ とが直交するような c_1, c_2 を求めよう. 条件は

$$
c_1 \sum_{j,k} b_{jk} a_j{}' a_k{}' + c_2 \sum_{j,k} b_{jk} a_j{}' a_k{}'' = 0.
$$

$\boldsymbol{a}'$ は (21.4-2) の意味で規格化されているとする. そうすると上の条件は

$$
\frac{c_1}{c_2} = -\sum_{j,k} b_{jk} a_j{}' a_k{}'' \tag{21.5-2}
$$

となる. これで c_1/c_2 の比がわかったが, この比を保ちながら c_1, c_2 を加減して $\boldsymbol{a}$ も (21.4-2) の意味で規格化することができる. この $\boldsymbol{a}$ を改めて $\boldsymbol{a}''$ とすれば $\boldsymbol{a}'$ と $\boldsymbol{a}''$ とは直交していることがわかる. 2重根でなくても, もっと多くの重根の場合にも同様である. このようにして

永年方程式の根が重根を持つ場合にも固有値問題 (21.2-8) の解 $\boldsymbol{a}', \boldsymbol{a}''$, $\cdots, \boldsymbol{a}^{(f)}$ として直交規格化ベクトルを選ぶことができる.

---

§21.6　規準振動の停留性

　例として第18章問題1を考えよう. これは3個の等しい質点を4本の等しいぜんまいで連結し, 連結方向に振動させる問題である. 解は巻末に示してあるが, いまこの問題を解くのが困難であるとし, 近似的に振動数や各質点の振幅を求めることができないかを考えよう. この体系の各質点の位置について束

縛条件を加えると，系の自由度は減ってくる．各質点の変位の比をきめれば（$f-1$ 個の束縛条件を与えて），自由度は 1 になって問題はすぐ解くことができよう．問題になるのはそのように束縛された系の振動数ともとの問題の固有振動数との関係である．一般的な議論に移る．

　小振動を行なう体系の，はじめにとった座標を $q_1, \cdots, q_f$ とする．束縛条件
$$\varphi_1(q_1, \cdots, q_f) = 0$$
をつければ自由度が 1 つ減じる．$q_1, \cdots, q_f$ は小さく，また $q_1 = 0$, $q_2 = 0, \cdots$, $q_f = 0$ はこの式を満足しなければならないので，展開すれば
$$a_1 q_1 + a_2 q_2 + \cdots + a_f q_f = 0, \quad \text{ただし } a_1, a_2, \cdots, a_f \text{は定数}$$
$$(21.6\text{-}1)$$
の形になる．具体的には，各質点を連結した棒で束縛することにより，適当な機構によって変位が（21.6-1）を満足するようにすればよい．

　このような条件をつけられても $q_1 = q_2 = \cdots = q_f = 0$ は安定な平衡の位置を表わす．その位置のまわりの小振動の振動数は，もちろん一般にはもとの体系の振動数とはちがう．

　上に述べたように（21.6-1）の形の束縛条件を $f-1$ 個考えれば $q_1 : q_2 : \cdots : q_f$ はきまってしまう．体系の自由度は 1 となる．

　束縛条件を考える前の体系の規準座標 $Q', Q'', \cdots, Q^{(f)}$ を使っても同様で，（21.6-1）は
$$A' Q' + A'' Q'' + \cdots + A^{(f)} Q^{(f)} = 0, \quad \text{ただし } A', A'', \cdots, A^{(f)} \text{は定数}$$
$$(21.6\text{-}2)$$
となるが，このような条件を $f-1$ 個考えて 1 自由度の体系にして，$Q' : Q'' : \cdots : Q^{(f)} = \mu' : \mu'' : \cdots : \mu^{(f)}$ とする．すなわち，
$$Q' = \mu' Q, \quad Q'' = \mu'' Q, \quad \cdots, \quad Q^{(f)} = \mu^{(f)} Q \quad (21.6\text{-}3)$$
とする．Q がこの自由度 1 の体系のただ 1 つの一般座標である．$Q', Q'', \cdots, Q^{(f)}$ によって運動エネルギーと位置エネルギーを求めれば，（21.4-3），（21.4-4）によって
$$2T = \left\{ \sum_l (\mu^{(l)})^2 \right\} \dot{Q}^2, \quad 2U = \left\{ \sum_l \lambda^{(l)} (\mu^{(l)})^2 \right\} Q^2 \quad (21.6\text{-}4)$$
であるから，角振動数 $\sqrt{\lambda}$ は

$$\lambda = \frac{\sum_l \lambda^{(l)} (\mu^{(l)})^2}{\sum_l (\mu^{(l)})^2} \qquad (21.6\text{-}5)$$

で与えられる.

　束縛条件によって自由度が1になった体系の振動が，この束縛条件にもかかわらずもとの規準振動になっているとしよう．この振動を $l=1$ に対するものとすれば，(21.6-3) で $\mu'=1$, $\mu''=\mu'''=\cdots=\mu^{(f)}=0$ であるから，$\lambda=\lambda'$ となる.

　振動が $l=1$ のものに近い場合には，(21.6-3) で $\mu'=1$ で，$\mu'', \mu''', \cdots, \mu^{(f)}$ は1に比べて小さい．(21.6-5) をみると，$\mu'', \mu''', \cdots, \mu^{(f)}$ は2乗の形で入っているから，(21.6-5) で与えられる λ は $l=1$ に対する規準振動の λ' に近いことがわかる．つまり，

　振動系に束縛条件を加えて1自由度にした場合，はじめの体系の規準振動の1つに等しい振動では束縛条件にもかかわらず振動数はその規準振動数に等しく，また規準振動に近い振動の付近で振動数は停留値（stationary value）をとる.

　この節のはじめにあげた例の場合を考えよう．付加する束縛を表わすのには，規準座標を使う代りにはじめに使った座標 x_1, x_2, x_3 を使い

$$x_1 = X, \quad x_2 = \varepsilon X, \quad x_3 = X$$

としよう.

$$T = \frac{m}{2}(\varepsilon^2 + 2)\dot{X}^2,$$

$$U = c(\varepsilon^2 - 2\varepsilon + 2)X^2$$

となる．Lagrange の運動方程式は

$$m(\varepsilon^2 + 2)\ddot{X} = -2c(\varepsilon^2 - 2\varepsilon + 2)X.$$

角振動数 ω は

$$\omega^2 = 2\frac{c}{m}\frac{\varepsilon^2 - 2\varepsilon + 2}{\varepsilon^2 + 2}$$

で与えられる.

$$\frac{d\omega^2}{d\varepsilon} = 0$$

になるような ε を求めれば $\varepsilon = \pm 2$ となって，第 18 章問題 1 の解（202 ページ）と比べれば，この場合には正確に規準振動を与えることがわかる．

━━━━━━━━━ **第 21 章　問　題** ━━━━━━━━━

1　滑らかな曲面
$$z = Ax^2 + 2Hxy + Ay^2, \qquad A > H$$
に束縛されている質点の，最下点付近の運動を調べ，

(a)　規準座標と規準振動を求めよ．

(b)　2 つの規準振動数が等しいときはどのようなときか．

(c)　質点の位置にもう 1 個の束縛条件を加え，z 軸を含む鉛直面内にも束縛されているとすれば，振動数はどうなるか．

(d)　(c) の振動数ははじめの規準振動数の小さいものより大きく，大きいものより小さいことを示せ．

(e)　付加束縛の平面の方向を変えていくとき，振動数が極大または極小になるときが，はじめの規準振動であることを示せ．

(f)　(e) の 2 つの方向は互いに直角（規準振動の直交性）であることを示せ．

　以上の問を調べて，この章の本文の各部分と対応させてみよ．

2　(21.6-5) で求めた
$$\lambda = \frac{\sum_l \lambda^{(l)}(\mu^{(l)})^2}{\sum_l (\mu^{(l)})^2}$$

は $\lambda', \lambda'', \cdots, \lambda^{(l)}$ の最大のものより小さく，最小のものより大きいことを示せ．前問の (d) と対応させよ．

22

３体問題

§22.1　３体問題

　天体の運動を考えるのに，３個の天体が互いに万有引力を作用しあう場合がある．このような問題を**３体問題**（three-body problem）とよぶ．はっきり定義をすれば次のようになる．

> 互いに万有引力，すなわち，質量の積に比例し，距離の２乗に反比例する引力を作用しあう３個の質点が，任意の位置から任意の初速度（一平面内に向いていなくてもよい）で投げ出されるとき，その後どのような運動をするか．[1]

　３個の質点の位置（直交座標）と運動量は q, p おのおの通し番号にして，

$$(q_1, q_2, q_3), \quad (q_4, q_5, q_6), \quad (q_7, q_8, q_9),$$
$$(p_1, p_2, p_3), \quad (p_4, p_5, p_6), \quad (p_7, p_8, p_9)$$

の 18 個である．Hamiltonian は

---

1)　３体問題ばかりでなく，これを n 体問題に拡張された仕事を説明された，萩原雄祐：「天体力学の基礎 I（上），I（下）」（河出書房，1947），Y. Hagihara: *Celestial Mechanics*（MIT Press, 1968）は天体力学の優れた著書である．この本でも参考にしたところが多い．

$$H = \frac{1}{2m_1}(p_1{}^2 + p_2{}^2 + p_3{}^2) + \frac{1}{2m_2}(p_4{}^2 + p_5{}^2 + p_6{}^2)$$

$$+ \frac{1}{2m_3}(p_7{}^2 + p_8{}^2 + p_9{}^2) - \frac{Gm_2m_3}{\{(q_4 - q_7)^2 + (q_5 - q_8)^2 + (q_6 - q_9)^2\}^{1/2}}$$

$$- \frac{Gm_3m_1}{\{(q_7 - q_1)^2 + (q_8 - q_2)^2 + (q_9 - q_3)^2\}^{1/2}}$$

$$- \frac{Gm_1m_2}{\{(q_1 - q_4)^2 + (q_2 - q_5)^2 + (q_3 - q_6)^2\}^{1/2}}$$

$$(22.1\text{-}1)$$

である．正準方程式は

$$\left.\begin{array}{ll} \dfrac{dq_r}{dt} = \dfrac{\partial H}{\partial p_r} & (r = 1, \cdots, 9), \\[2mm] \dfrac{dp_r}{dt} = -\dfrac{\partial H}{\partial q_r} & (r = 1, \cdots, 9) \end{array}\right\} \qquad (22.1\text{-}2)$$

で与えられる．この方程式は全部で 18 個あるが，これを解いて 18 個の $q_1, \cdots,$ $q_9, p_1, \cdots, p_9$ を t の関数として得られれば（22.1-2）を積分したことになる．いまよく知られている積分をあげておこう．

(a) 力学的エネルギー保存の法則

H が t を陽に含まないことから出てくる積分で

$$H(q_1, \cdots, q_9, p_1, \cdots, p_9) = 一定 = E \qquad (22.1\text{-}3)$$

である．

(b) 運動量保存の法則

これも（22.1-2）から得られるもので

$$\left.\begin{array}{l} p_1 + p_4 + p_7 = 一定 = P_x, \\ p_2 + p_5 + p_8 = 一定 = P_y, \\ p_3 + p_6 + p_9 = 一定 = P_z \end{array}\right\} \qquad (22.1\text{-}4)$$

である．

(c) 角運動量保存の法則

$$\left.\begin{array}{l} (q_2 p_3 - q_3 p_2) + (q_5 p_6 - q_6 p_5) + (q_8 p_9 - q_9 p_8) = 一定 = L_x, \\ (q_3 p_1 - q_1 p_3) + (q_6 p_4 - q_4 p_6) + (q_9 p_7 - q_7 p_9) = 一定 = L_y, \\ (q_1 p_2 - q_2 p_1) + (q_4 p_5 - q_5 p_4) + (q_7 p_8 - q_8 p_7) = 一定 = L_z \end{array}\right\}$$

$$(22.1\text{-}5)$$

である.

(d) 重心の運動

(22.1-4) で $p_1 = m_1 u_1 = m_1 \dfrac{dq_1}{dt}$ などであることを考えるともう 1 度積分できる.

$$
\left.\begin{array}{l}
m_1 q_1 + m_2 q_4 + m_3 q_7 = P_x t + a_x, \\
m_1 q_2 + m_2 q_5 + m_3 q_8 = P_y t + a_y, \\
m_1 q_3 + m_2 q_6 + m_3 q_9 = P_z t + a_z.
\end{array}\right\} \qquad (22.1\text{-}6)
$$

(22.1-3) から (22.1-6) の 10 個の積分は Euler の**古典積分** (classical integrals) とよばれているもので, 18 個の変数の間に成り立つ代数的の形をした式である. もしあと 8 個の代数的の形をした式(積分)がみつかれば 3 体問題は代数的の式の形で解けることになる. すぐわかるように実際はそうはならない.

さて, Euler の古典積分によって未知量と方程式数の差は 8 個に縮まった. これではまだ代数解の形で問題が解けたわけではないので, もっと縮めることを考えよう. $q_1, q_2, \cdots, q_9$ のうちには定数でないものが少くとも 1 つあるからこれを q_9 としよう.

$$
\frac{dq_9}{dt} \neq 0
$$

とする.

正準方程式によって

$$
\frac{dq_9}{dt} = \frac{\partial H}{\partial p_9}
$$

であるから

$$
\frac{\partial H}{\partial p_9} \neq 0 \qquad (22.1\text{-}7)
$$

である. いま

$$
H(q_1, q_2, \cdots, q_9, p_1, p_2, \cdots, p_9) = E \qquad (22.1\text{-}8)
$$

を解いて p_9 を求める.

$$
p_9 = K(q_1, \cdots, q_9, p_1, \cdots, p_8). \qquad (22.1\text{-}9)
$$

(22.1-8) の p_9 の中に (22.1-9) を入れると考えて, (22.1-8) を q_r ($r = 1, \cdots,$ 9) で微分する.

$$\frac{\partial H}{\partial q_r} + \frac{\partial H}{\partial p_9}\frac{\partial K}{\partial q_r} = 0.$$

$$\therefore \ \ \frac{\partial K}{\partial q_r} = -\frac{\dfrac{\partial H}{\partial q_r}}{\dfrac{\partial H}{\partial p_9}} \qquad (r = 1, \cdots, 9), \qquad (22.1\text{-}10)$$

同様に

$$\frac{\partial K}{\partial p_r} = -\frac{\dfrac{\partial H}{\partial p_r}}{\dfrac{\partial H}{\partial p_9}} \qquad (r = 1, \cdots, 8) \qquad (22.1\text{-}11)$$

が得られる. $r = 1, \cdots, 8$ までの正準方程式を

$$\frac{dq_9}{dt} = \frac{\partial H}{\partial p_9} \qquad (22.1\text{-}12)$$

で割る. (22.1-10) を使って

$$\frac{dq_r}{dq_9} = -\frac{\partial K}{\partial p_r} \qquad (r = 1, \cdots, 8),$$

同様に

$$\left.\begin{matrix} \\ \\ \end{matrix}\right\} \qquad (22.1\text{-}13)$$

$$\frac{dp_r}{dq_9} = \frac{\partial K}{\partial q_r} \qquad (r = 1, \cdots, 8).$$

これらの式は16個で, はじめの正準方程式の数より2個少い. (22.1-13) は t を消去した式であるので, これに応じて (22.1-6) からも t を消去すれば, 結局, 変数の数と得られる積分の数の差はこの操作によって1個縮まることになる. これを**時間の消去** (elimination of time) とよぶ. 方程式数16, 積分数9個で差は7に縮まった.

　(22.1-12) が解ければ時間との関係は (22.1-12) から得られる

$$dt = \frac{1}{\dfrac{\partial H}{\partial p_9}}dq_9, \qquad \text{したがって} \qquad t = \int_0^t \frac{dq_9}{\dfrac{\partial H}{\partial p_9}} \qquad (22.1\text{-}14)$$

によって求めることができる. (22.1-14) はいわゆる求積 (ただ積分する [1] だ

---

1)　quadrature.

け）によるものであるから，方程式の数と積分の数との比較の議論では度外視
してよい．

　次に，3 つの質点の 1 つの方位角 φ を考え，他の 2 つの方位角は第 1 の質点
の方位角に相対的な方位角をとればあきらかに φ は循環座標となる．したが
って，これに対する一般化された運動量は定数で，結局 1 つの変数を減じて考
えることができる．これによって，方程式の数と積分の数との差をもう 1 つ縮
めることができる．この議論は Jacobi によるもので，昇交点の消去（elimina-
tion of node）という．結局

> 現在までの操作により，未知量の数と代数的積分の数との差は 6 個に縮め
> ることができた．

　問題は，代数的な積分によってもっとこの差を縮めることができるかどうか
にある．これについていろいろな研究がなされたが，結局 Bruns（1887）は

> 　3 体問題の代数的積分としては Euler の古典積分以外には存在しない

ことを証明してこの問題に結末をつけた．つまり，3 体問題は級数展開とか数
値積分による以外に積分の方法がないことになる．

§22.2　正三角形解と直線解

　3 体問題を解くことは一般にむずかしいが，特別な場合には簡単に扱うこと
ができる．その 1 つの例として 22.2-1 図のように万有引力を作用しあう 3 個
の質点 m_1, m_2, m_3 がはじめ正三角形 ABC の頂点にあり，適当な初期条件の下
に運動をはじめるものとしよう．いま簡単のため $m_2 = m_3$ とする．重心を G
としこれを原点にとることにする．m_1, m_2, m_3 は G のまわりに回るが，これら
が正三角形を保ちながら，運動するための条件を求めよう．$m_1 = 1$, $m_2 = m_3$
$= \varepsilon$ とする．また万有引力の定数 G も 1 とおこう．角速度を ω, AG $= r_1$ とし
て m_1 に対する運動方程式を書けば

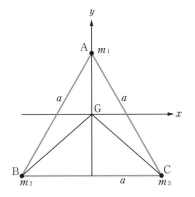

22.2-1 図

$$m_1 r_1 \omega^2 = \frac{m_1 m_2}{a^2} \cos 30° + \frac{m_1 m_3}{a^2} \cos 30°.$$

したがって

$$r_1 \omega^2 = \frac{\varepsilon}{a^2} \cdot 2 \cos 30°. \tag{22.2-1}$$

また G が重心であることから，

$$-m_1 r_1 + m_2(a \cos 30° - r_1) + m_3(a \cos 30° - r_1) = 0.$$

したがって

$$(1 + 2\varepsilon)r_1 = 2a\varepsilon \cos 30°. \tag{22.2-2}$$

(22.2-1), (22.2-2) から r_1 を消去して

$$1 + 2\varepsilon = a^3 \omega^2. \tag{22.2-3}$$

いま $\varepsilon = 0.5$ の場合を考えれば

$$a^3 \omega^2 = 2 \quad (m_1 = 1,\ m_2 = 0.5,\ m_3 = 0.5) \tag{22.2-4}$$

となる．22.2-1 図で $\overline{\mathrm{GA}} = 1$ とすれば $a = 4/\sqrt{3}$ で $\omega = 0.403$ となる．22.2-2 図は 3 つの点の運動をコンピューターで計算し結果をブラウン管に映し出したものにつき，いくつかの瞬間の位置を示したものである．

　万有引力を作用しあう 3 個の天体がいつも一直線上にある場合も簡単に解ける問題で Euler によって論じられたものである（Euler の特殊解）．

　22.2-3 図に示すように m_1, m_2, m_3 の天体が一直線上に並んでおり，それぞれ初速度を与えられて，その後一直線を保ちながら重心のまわりに円運動（等速円運動）を行なうための条件を求めよう．

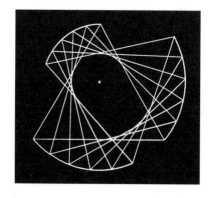

22.2-2 図

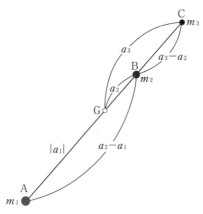

22.2-3 図

　重心を原点とし，直線にそっての m_1, m_2, m_3 の座標を a_1, a_2, a_3 とする．図では a_1 は負である．角速度を ω とすれば

$$m_1 \text{ の運動方程式} : m_1(-a_1)\omega^2 = \frac{m_1 m_2}{(a_2 - a_1)^2} + \frac{m_1 m_3}{(-a_1 + a_3)^2},$$

(22.2-5)

$$m_2 \text{ の運動方程式} : m_2 a_2 \omega^2 = \frac{m_2 m_1}{(a_2 - a_1)^2} - \frac{m_2 m_3}{(a_3 - a_2)^2}.$$

(22.2-6)

m_3 の運動方程式の代りに重心を原点にとっているという式

$$m_1 a_1 + m_2 a_2 + m_3 a_3 = 0 \tag{22.2-7}$$

をとろう．また

$$\frac{\overline{\mathrm{BC}}}{\overline{\mathrm{AB}}} = \frac{a_3 - a_2}{a_2 - a_1} = k \qquad (22.2\text{-}8)$$

ととる. (22.2-5) ～ (22.2-8) の 4 個の式から,$\omega^2, a_2/a_1, a_3/a_1$ を消去すれば

$$m_1 k^2\{(1 + k)^3 - 1\} + m_2(1 + k)^2(k^3 - 1) + m_3\{k^3 - (1 + k)^3\} = 0$$
$$(22.2\text{-}9)$$

が得られる.m_1, m_2, m_3 が与えられているときには,この式は k についての 5 次方程式である. (22.2-9) の左辺を $f(k)$ とおけば

$$f(0) = -m_2 - m_3 < 0, \qquad f(+\infty) > 0$$

であるから少くとも 1 つの正の実根がある. たとえば

$$m_1 = 2.0, \ m_2 = 0.5, \ m_3 = 0.5 \ \text{のときには} \ k = 0.6608$$

である.k がきまると (22.2-7), (22.2-8) から $a_2/a_1, a_3/a_1$ がきまる.$|a_1| = 1$ とすれば (22.2-5) から ω がきまる. 22.2-4 図は上に述べた $m_1 = 2.0$, $m_2 = m_3 = 0.5$ ($k = 0.6608$) のとき各天体が等速円運動をし,いつも一直線上にある運動を示す.[1]

22.2-4 図

---

1) コンピューターによる計算をブラウン管に示し,等しい時間間隔ごとに 3 つの天体を結ぶ.

§22.3　制限 3 体問題

3 体問題で

第 1, 第 2 の天体がその質量の中心のまわりに等速円運動を行ない, 第 3
の天体は第 1, 第 2 の天体に比べて質量が無視できる場合, これを制限 3
体問題（restricted three-body problem）とよぶ.

　22.3-1 図は太陽と木星とがその重心のまわりに等速円運動を行ない, 1 つの
彗星の軌道が木星の軌道に近づく場合で, 彗星が遠日点に達したとき, ちょう
ど木星もこれに近づく場合をコンピューターで計算し, 木星の影響によって,
彗星の楕円軌道が変化するところを示す. Encke（エンケ）彗星の場合がこ
れに似ている. 22.3-1 図で彗星と木星は木星の軌道半径の 0.02 倍まで近づ
く.[1]

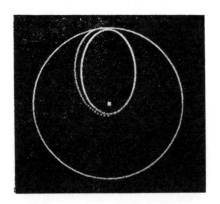

22.3-1 図

---

1)　この軌道は彗星に対する木星の影響を誇張している. 他の例は, 原島鮮：「質点系・剛
　　体の力学」（基礎物理学選書 3, 裳華房, 1968）93 ページをみよ.

23 前期量子論

§23. 1　1自由度体系の量子条件

　1自由度で周期運動を行なう質点があるとする．この運動は単振動のような**振動的**（libration）でもよいし，円運動のような**回転的**（rotation）なものでもよい．その座標を q，運動量を p とする．周期運動であるから23.1-1図に示されているように p, q の関係を表わす図は1周期ごとにもとにもどる．

$$J = \oint p \, dq \tag{23.1-1}$$

を考えると，(20.7-3)によってこの積分の値は一般座標 q の選び方にはよらない．その意味で J は数学的な手段であるところの座標 q の選び方ということにはよらないもので，これに物理的意味を持たせることができる．J は23.1-1図では (p, q) の閉曲線に囲まれた面積に等しい．

　Newton力学では，J の値は初期条件を連続的に変えることにより連続的な

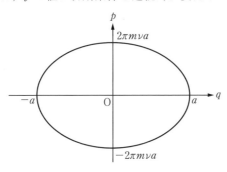

23.1-1 図

値をとらせることができるが，前期量子論では，J のとることのできる値としては Planck の定数 h の整数倍（0 も含まれる）のものだけが許されるものとする．このような運動状態を**定常状態**（stationary state）とよぶ．すなわち

前期量子論の量子条件　　1 自由度の周期運動では，
$$J = nh \quad (n = 0, 1, 2, \cdots) \tag{23.1-2}$$
であるような運動だけが許される．h の値は
$$h = 6.6262 \times 10^{-34} \, \mathrm{J \, s} \ ^{1)}$$
である．

すぐ後に示すが，このようにするとエネルギーが飛び飛びの値しかとれないことになる．そして 1 つの定常状態からエネルギーのちがう他の定常状態に移るときは光を発射または吸収するが，その光の振動は次の条件できまる．

Bohr の振動数条件　　体系のエネルギーが E_1 から E_2 に変わると
$$h\bar{\nu} = E_1 - E_2 \tag{23.1-3}$$
で与えられる振動数 $\bar{\nu}$ の光を射出または吸収する．
　$E_1 > E_2$ ならば光の射出で，$E_1 < E_2$ ならば吸収である．

例題 1　調和振動子　　振動数を ν とすれば，エネルギーは
$$\frac{1}{2m}p^2 + 2\pi^2 m \nu^2 q^2 = E. \tag{23.1-4}$$
これから
$$p = \pm 2\pi m \nu \sqrt{\frac{E}{2\pi^2 m \nu^2} - q^2}$$
を得る．振幅を a とすればこの式から

---

1)　CGS 単位系では $h = 6.6262 \times 10^{-27} \, \mathrm{erg \, s}$ である．また，h を 2π で割った
$$\hbar = \frac{h}{2\pi} = 1.05459 \times 10^{-34} \, \mathrm{J \, s} = 1.05459 \times 10^{-27} \, \mathrm{erg \, s}$$
もよく使われる．

23.1-2 図

$$a = \sqrt{\frac{E}{2\pi^2 m\nu^2}}. \tag{23.1-5}$$

これを使うと

$$p = \pm 2\pi m\nu\sqrt{a^2 - q^2}. \tag{23.1-6}$$

$J = \oint p\,dq$ は 23.1-2 図にみられるように p を $q = -a \to +a \to -a$ と積分することで, $dq > 0$ ならば $p > 0$, $dq < 0$ ならば $p < 0$ であるから,

$$J = 2\int_{-a}^{a} p\,dq = 4\pi m\nu\int_{-a}^{a}\sqrt{a^2 - q^2}\,dq = 2\pi^2 m\nu a^2.$$

a を入れて,

$$J = \frac{E}{\nu} \tag{23.1-7}$$

となる. ここで, 量子条件 (23.1-2) を使えば, 調和振動子に許されるエネルギーの値として

$$E = nh\nu \tag{23.1-8}$$

が得られる.

J の値は 23.1-1 図の $E = $ 一定 の与える閉曲線内の面積であるが, この曲線は $a, 2\pi m\nu a$ を両半径とする楕円である. したがって

$$J = \pi a \cdot 2\pi m\nu a = 2\pi^2 m\nu a^2$$

となり上に求めたのと同じ結果となる.

量子力学では, (23.1-8) の代りに $E = \left(n + \dfrac{1}{2}\right)h\nu$ となる. それゆえ $\dfrac{1}{2}h\nu$ という項を省略すると (エネルギーの基準を移すという意味で) 前期量子論と量子力学とは調和振動子では一致した結果を与える. 前期量子論の方が量子力学よりも簡単であるとも考えられるので, 場合によってはこの調和振動子の前期量子論による結果が引き合いに出されることもある.

例題2 一直線上を一定の速さで往復する運動 q 軸上 $\pm a/2$ の間を力を受

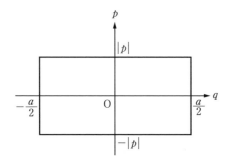

23.1-3 図

けないで運動し，両端で反射される質点の運動を考える．

$$\frac{1}{2m}p^2 = E \qquad (23.1\text{-}9)$$

である．このときには量子条件を求めるのに，J は 23.1-3 図の長方形の面積に等しいから

$$J = 2a|p| = 2a\sqrt{2mE}. \qquad (23.1\text{-}10)$$

量子条件は

$$J = nh.$$

$$\therefore E = \frac{n^2h^2}{8ma^2} \quad (n = 0, 1, 2, \cdots) \qquad (23.1\text{-}11)$$

となる．

例題 3　回転子（rotator）　固定軸のまわりに回る剛体（2 原子分子のような場合）の慣性モーメントを A とする．回った角を φ，これに共役な運動量を p とする．運動エネルギーは

$$T = \frac{1}{2}A\dot{\varphi}^2.$$

$$\therefore p = \frac{\partial T}{\partial \dot{\varphi}} = A\dot{\varphi}, \quad p \text{ は角運動量である.}$$

$$\therefore E = T = \frac{p^2}{2A}.$$

したがって

$$J = \oint p\, d\varphi = 2\pi p.$$

量子条件は

$$2\pi p = nh.$$

それゆえ

$$E = \frac{n^2 h^2}{8\pi^2 A} \tag{23.1-12}$$

となる.

§23.2　*J* の意味

　自由度 1 の周期運動（振動的でも, 回転的でもよい）を考えよう. いま, 1 組の正準変数 q, p から正準変換 (20.4-2), (20.4-3) により, Hamilton–Jacobi の偏微分方程式の解, すなわち, (20.4-14) の S を使って（(20.4-12) を変えた (20.4-14) を使う）新しい正準変数 Q, P に移るとする. (20.4-14) の α が P であるとし, これを改めて J と書き, Q を w と書く.

$$\left.\begin{array}{l} p = \dfrac{\partial}{\partial q} S(q, J), \\[2mm] w = \dfrac{\partial}{\partial J} S(q, J) \end{array}\right\} \tag{23.2-1}$$

となる. この変換は (20.4-1) の W とはちがって, 新しい Hamiltonian を 0 にするものではないが, この変換によって, Hamiltonian が J だけの関数になる. w は循環座標である. また 1 周期の間に w が 1 だけ増加するように S をきめる.

$$\oint dw = 1.$$

それには, (23.2-1) によって

$$\frac{\partial}{\partial J}\oint dS = \frac{\partial}{\partial J}\oint \frac{\partial S}{\partial q}\, dq = \frac{\partial}{\partial J}\oint p\, dq = 1$$

であるから,

$$J = \oint p\, dq = \oint \frac{\partial S}{\partial q}\, dq \tag{23.2-2}$$

ととればよい. 1 周期の間の S の増加が J である. 正準方程式により

$$\frac{dw}{dt} = \frac{\partial H(J)}{\partial J} = J \text{ の関数} = \text{一定値} = \nu \tag{23.2-3}$$

となる．これから

$$w = \nu t + \beta. \qquad (23.2\text{-}4)$$

w は 1 周期の間に 1 だけ増すのであるから，上の式の ν は正で振動数にほかならない．また (23.2-3) から Hamiltonian H，したがってエネルギー E は J の単調増加関数であることがわかる．

§23.3　多重周期運動

§23.1，§23.2 で 1 自由度の場合を考えたが，もっと多くの自由度を持つ場合に拡張しよう．1 自由度の場合には振動的か回転的かの区別はあるにしても周期運動について考えたが，これに対応して一般の場合にもある制限を加えなければならない．しかし，運動が周期的とまでの制限は加えなくてもよい．分離可能な**多重周期運動**（separable multiply periodic motion）とよばれるものでよい．もっとも簡単な例で説明しよう．

3 次元の振動子を考える．振動子が原点から (x, y, z) までずれたとき，これに働く力は $-m\omega_x{}^2 x, -m\omega_y{}^2 y, -m\omega_z{}^2 z$ であるとしよう．x, y, z は $\omega_x/2\pi$，$\omega_y/2\pi, \omega_z/2\pi$ の振動数で振動する．

$\omega_x : \omega_y : \omega_z$ が有理数の比になっていれば，x, y, z は一定時間ごとにもとにもどり運動は周期的になる（Lissajous の図形のように）が，無理数の比の場合には周期的ではない．しかし x, y, z はそれぞれ独立に周期的に変わるので多重周期運動とよばれる．

直交座標 x, y, z とそれらに共役な運動量 p_x, p_y, p_z を使うことにすれば Hamiltonian は

$$H = \frac{1}{2m}(p_x{}^2 + p_y{}^2 + p_z{}^2) + \frac{m}{2}(\omega_x{}^2 x^2 + \omega_y{}^2 y^2 + \omega_z{}^2 z^2)$$

$$(23.3\text{-}1)$$

となる．x, y, z のおのおの別々の周期について

$$J_x = \oint p_x \, dx, \quad J_y = \oint p_y \, dy, \quad J_z = \oint p_z \, dz \qquad (23.3\text{-}2)$$

をつくる．1 自由度のときと同様にして（(23.1-7)），

$$J_x = \frac{E_x}{\nu_x}, \quad J_y = \frac{E_y}{\nu_y}, \quad J_z = \frac{E_z}{\nu_z}, \quad \text{ただし} \quad E = E_x + E_y + E_z$$

が得られる. ここで

$$\nu_x = \frac{\omega_x}{2\pi}, \quad \nu_y = \frac{\omega_y}{2\pi}, \quad \nu_z = \frac{\omega_z}{2\pi}$$

である. したがって

$$E = \nu_x J_x + \nu_y J_y + \nu_z J_z. \tag{23.3-3}$$

ここで量子条件を導入しよう.

(a) ν_x, ν_y, ν_z がちがう場合

自由度が1の場合を拡張して, 量子条件を

$$J_x = n_x h, \quad J_y = n_y h, \quad J_z = n_z h \tag{23.3-4}$$

とする.

$$E = n_x h \nu_x + n_y h \nu_y + n_z h \nu_z \tag{23.3-5}$$

となる.

(b) $\nu_x = \nu_y \neq \nu_z$ の場合

この場合 x, y 方向の振動はまったく同等であって, (23.3-1) の位置エネルギーの項は

$$\frac{m}{2}\{\omega_x{}^2(x^2 + y^2) + \omega_z{}^2 z^2\}$$

となるから, z 軸のまわりに座標軸を回しても物理的には同等な座標系となる. それゆえ, $J_x = n_x h$, $J_y = n_y h$ とおいても座標系を回すだけでこの条件は破れるから, この場合 J_x, J_y を別々に考えることはできない. それで

$$J_x + J_y = nh \tag{23.3-6}$$

とおく. エネルギーは

$$E = nh\nu + n_z h \nu_z \tag{23.3-7}$$

となる.

(c) $\nu_x = \nu_y = \nu_z$ の場合

(b) の場合と同様に考えて

$$J_x + J_y + J_z = nh \tag{23.3-8}$$

が量子条件となる.

このように，

> ちがう振動数がいくつあるかというその数だけの量子条件が存在する

ことになる．

§23.4　Kepler 運動

「力学 I」§8.2 で学んだ万有引力による運動を一般化した中心力の場合を考えよう．位置エネルギーを $V(r)$ とする．Hamiltonian は極座標を使って

$$H = \frac{1}{2m}\left(p_r{}^2 + \frac{1}{r^2}p_\theta{}^2 + \frac{1}{r^2\sin^2\theta}p_\varphi{}^2\right) + V(r). \quad (23.4\text{-}1)$$

H-J の偏微分方程式をつくり，§20.4 の例題 2 にしたがって変数を分離する．

$$\left.\begin{aligned}
&S = S_r + S_\theta + S_\varphi, \\
&S_r = \pm\int\sqrt{2m\{E - V(r)\} - \frac{\alpha_\theta{}^2}{r^2}}\,dr, \quad S_\theta = \pm\int\sqrt{\alpha_\theta{}^2 - \frac{\alpha_\varphi{}^2}{\sin^2\theta}}\,d\theta, \\
&S_\varphi = \alpha_\varphi\cdot\varphi
\end{aligned}\right\}$$

$$(23.4\text{-}2)$$

が得られる．

これらから，自由度 1 の場合の (23.2-2) と同様な考えによって

$$\left.\begin{aligned}
&J_r = \oint\sqrt{2m\{E - V(r)\} - \frac{\alpha_\theta{}^2}{r^2}}\,dr, \\
&J_\theta = \oint\sqrt{\alpha_\theta{}^2 - \frac{\alpha_\varphi{}^2}{\sin^2\theta}}\,d\theta, \\
&J_\varphi = 2\pi\alpha_\varphi.
\end{aligned}\right\}$$

$$(23.4\text{-}3)$$

ここで

$$\cos\theta = x\sin i = x\sqrt{1 - \frac{\alpha_\varphi{}^2}{\alpha_\theta{}^2}}$$

とおけば

$$\oint\frac{\sqrt{1 - x^2}}{1 - ax^2}\,dx = \int_0^{2\pi}\frac{\cos^2\psi}{1 - a\sin^2\psi}\,d\psi = \frac{2\pi}{a}(1 - \sqrt{1 - a})$$

を使って

$$J_\theta = 2\pi(\alpha_\theta - \alpha_\varphi). \tag{23.4-4}$$

(23.4-3) の最後の式を使って

$$\alpha_\theta = \frac{J_\theta + J_\varphi}{2\pi}.$$

それゆえ,

$$J_r = \oint \sqrt{2m\{E - V(r)\} - \frac{(J_\theta + J_\varphi)^2}{4\pi^2 r^2}}\, dr \tag{23.4-5}$$

が得られる. この (23.4-5) をみると, E と J_r, J_θ, J_φ の関係に J_θ, J_φ は $J_\theta + J_\varphi$ の形で入っているから

$$\nu_\theta = \frac{\partial E}{\partial J_\theta} = \frac{\partial E}{\partial J_\varphi} = \nu_\varphi \tag{23.4-6}$$

である. ν_r が ν_θ, ν_φ に等しくなければ量子条件は 2 つとなる. 通常 J_r, J_θ, J_φ の代りに

$$J_1 = J_r + J_\theta + J_\varphi, \quad J_2 = J_\theta + J_\varphi, \quad J_3 = J_\varphi \tag{23.4-7}$$

を使い,

$$J_1 = nh, \quad J_2 = kh \tag{23.4-8}$$

とおき, n を**主量子数** (principal quantum number), k を**方位量子数** (azimuthal quantum number) とよぶ.

　原子核と電子との間の力場が Coulomb 場であって, $-\dfrac{1}{4\pi\varepsilon_0}\dfrac{Ze^2}{r}$ で与えられるときには,[1] (23.4-5) の積分を求めることができる.

$$\left.\begin{array}{l} J_r = \oint \sqrt{-A + 2\dfrac{B}{r} - \dfrac{C}{r^2}}\, dr, \\[2mm] A = -2mE, \quad B = \dfrac{mZe^2}{4\pi\varepsilon_0}, \quad C = \left(\dfrac{J_\theta + J_\varphi}{2\pi}\right)^2 = \left(\dfrac{J_2}{2\pi}\right)^2 \end{array}\right\} \tag{23.4-9}$$

であって,

---

1) Ze が原子核の電気量, $-e$ が電子の電気量 ($e = 1.60219 \times 10^{-19}$ C $= 4.80325 \times 10^{-10}$ CGS esu), また $4\pi\varepsilon_0$ は MKS 系を使うときにつけるもので $\varepsilon_0 = 8.854 \times 10^{-12}$ farad/m.

$$J_r = 2\pi\left(-\sqrt{C} + \frac{B}{\sqrt{A}}\right) = 2\pi\sqrt{-\frac{m}{2E}}\,\frac{Ze^2}{4\pi\varepsilon_0} - J_\theta - J_\varphi$$

となる．これから

$$E = -\frac{me^4 Z^2}{8\varepsilon_0{}^2(J_r + J_\theta + J_\varphi)^2} = -\frac{me^4 Z^2}{8J_1{}^2\varepsilon_0{}^2}. \tag{23.4-10}$$

これでみると

$$\nu_r = \frac{\partial E}{\partial J_r}$$

も ν_θ, ν_φ に等しい．したがって，この場合，量子条件は

$$J_1 = nh \tag{23.4-11}$$

だけであって

$$E = -\frac{me^4 Z^2}{8h^2\varepsilon_0{}^2}\frac{1}{n^2}. \tag{23.4-12}$$

この式の中の Z^2/n^2 の係数は

$$\frac{me^4}{8h^2\varepsilon_0{}^2} = -2.17 \times 10^{-18}\,\mathrm{J} = -13.6\,\mathrm{eV}$$

である．

　水素原子の場合には $Z = 1$ で，これから発射される光の振動数は Bohr の振動数条件により，

$$\tilde{\nu} = \frac{me^4}{8\varepsilon_0{}^2 h^3}\left(\frac{1}{m^2} - \frac{1}{n^2}\right) \tag{23.4-13}$$

の形になっている．

　$m = 1$（低い方の状態）とし，n（高い方の状態）$= 2, 3, 4, \cdots$ が Lyman 系列のスペクトル，

　$m = 2,\ \ n = 3, 4, 5, \cdots$ が Balmer 系列，

　$m = 3,\ \ n = 4, 5, 6, \cdots$ が Paschen 系列

である．

━━━━ 第23章　問　題 ━━━━

1　1次元調和振動子で，23.1-1 図を，許される運動（量子条件に合う運動）について

描くとき，2つの楕円の間にはさまれる面積は h であることを示せ．

2　一直線上を一定の速さで往復する粒子の運動について，問題1に対応することを調べよ．

3　回転子で $\Delta n = \pm 1$ であるような n の変化が許されるとして，射出または吸収される光の振動数を求めよ．これと回転子の回転数の間にどのような関係があるか．

24 特殊相対性理論

§24.1 特殊相対性理論

Newton 力学では慣性系，すなわち太陽系の重心に原点をおき，恒星系に対して回転しないような基準座標系と，これに対し等速直線運動をしてやはり恒星系に対して回転しない座標系について，運動方程式

$$mA = F \tag{24.1-1}$$

または

$$\frac{d}{dt}(mV) = F \tag{24.1-2}$$

を立てて考える立場をとってきた.

時間は宇宙中すべての物体が共通の時間を持ち，この時間が流れていく（一様に）ものと考えた.

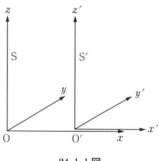

24.1-1 図

この考え方によると，たとえば 1 つの点の運動を記述するのに 2 つの慣性系 S, S′ を使い（24.1-1 図），S の各座標軸は S′ の対応する座標軸と平行で，x' 軸は x 軸に重なっており，S′ は S に対し x の方向に V の一定速度で運動するものとすれば，Galilei 変換（Galilei transformation）

$$x' = x - Vt, \\ y' = y, \\ z' = z, \qquad (24.1\text{-}3)$$

$$x = x' + Vt, \\ y = y', \\ z = z' \qquad (24.1\text{-}4)$$

が成り立つ. (24.1-3) を t で微分すれば, S, S′ に対する点の速度成分を $(u, v, w), (u', v', w')$ として,

$$u' = u - V, \\ v' = v, \\ w' = w \qquad (24.1\text{-}5)$$

となる.

Galilei 変換 (24.1-5) を光の場合に適用し, S に対し, x 方向に c の速さで進む光を S′ から観測すると

$$c' = c - V$$

となり, 特に $V = c$ のときには

$$c' = 0$$

となる. すなわち, 私たちが光の波と同じ速度で進むとすると, 光の波は私たちの目の前で前進しないで, ただ振動していることになる. このことは Galilei 変換の立場からいえば自然なことであるが, 一方, 一体光が前進しないで観測されるような慣性系が自然界にあるであろうかとの疑問も起こるであろう. また実際の光の速度測定ではどうなっているであろうかとの疑問が起こるであろう. これらのことを扱うのが**特殊相対性理論** (special theory of relativity) で, 特殊ということばは慣性系だけを扱い, 慣性系に対して加速度を持つ座標は扱わないという意味である.[1]

特殊相対性理論では 1 つの慣性系に対する速度が光の速度 c に近くなると, Newton 力学とずれてくる. もう 1 つ Newton 力学とずれるのは量子的現象であるが, Newton 力学でも相対論的力学でも座標と運動量とは同時に測定でき

---

1) 慣性系に対し加速度を持つ質点の運動を扱っても, 座標系が慣性系に限られていれば特殊相対性理論の範囲に入る (§24.13, §24.14 参照).

るという立場をとるのに対して，量子力学では不確定性原理にしたがい，座標
と運動量に同時に確定値を考えることはできないとする立場をとる．Newton
力学にしても相対論的力学にしても古典物理学（classical physics）に属し，こ
れに対し量子力学はいわゆる量子物理学に属することになる．また，Newton
力学に対して非相対論的量子力学があり，相対性理論に対して相対論的量子力
学がある．

　特殊相対性理論はもともと Lorentz や Poincaré によって電磁理論の立場か
ら発展させられたものであるが，Einstein による特殊相対性理論は光の伝播が
引き合いに出されることを除いては，もともと電磁理論とも，また素粒子間に
働く力などとも無関係なものである．

§24.2　事件とその記述

　ある瞬間，あるできごとが起こったとする．たとえば

　　　　　　　"赤子が生まれた"，

　　　　　　　"光の信号が発射された"，

　　　　　　　"粒子が発生した"，

　　　　　　　"粒子が消滅した"

などである．これらのできごとを**事件**（event）とよぶ．質点の運動は事件の連
続と考えられる．特殊相対性理論ではこの事件の記述（description）が座標系
によってちがうことを主張し，その中に時間についての記述のちがいも含まれ
ている．どのような場合にも，事件そのものはすべての座標系に共通で，ある
座標系からみると赤子が生まれているが，他の座標系からみるとその赤子は生
まれることはないなどということはない．この意味で事件は絶対的なものであ
る．しかし記述は相対的なもので，赤子 A と赤子 B のどちらが先に生まれた
か，あるいは同時に生まれたかの記述はちがうのが一般である．

　1つの事件は座標 x, y, z と時刻 t とで記述される．Newton 力学で使われる
慣性系の1つをこの座標系に使い S 系とよび，事件 E は $\mathrm{E}(x, y, z, t)$，すなわち，
x, y, z という場所で時刻 t に起こったと記述する．

　もう1つ他の慣性系 $\mathrm{S}'(x', y', z')$ を考え，これによって事件 E を記述すると

き $E(x', y', z', t')$ とする. Newton 力学ではいつも

$$t' = t \tag{24.2-1}$$

である. 話を簡単にするため x' 軸は x 軸にそっており, S$'$ は S に対して x 方向に速度 V で運動しているものとする.

1 つの事件 E を記述するのに, S で $E(x, y, z, t)$, S$'$ で $E(x', y', z', t')$ とすれば, Newton 力学では (24.1-3), (24.1-4) の変換式

$$\left. \begin{aligned} x' &= x - Vt, \\ y' &= y, \\ z' &= z, \\ t' &= t, \end{aligned} \right\} \tag{24.2-2}$$

$$\left. \begin{aligned} x &= x' + Vt', \\ y &= y', \\ z &= z', \\ t &= t' \end{aligned} \right\} \tag{24.2-3}$$

の関係がある. これが Galilei 変換であるが, 次の節で学ぶ Lorentz 変換では $t' \neq t$ となるので, 同様な式 (24.1-3), (24.1-4) で t と t' を区別して書いた. 前の節で述べた光を観察する問題を式で表わせば次のようになる.

ある瞬間 S$'$ が S に原点も座標軸も一致したとし, そのとき光が S からみてすべての方向に c という速度で伝わるとする. 光の波面は S の原点 O を中心とする球面になるが, これは

$$x^2 + y^2 + z^2 = c^2 t^2 \tag{24.2-4}$$

で表わされる. この式を Galilei 変換によって S$'$ からみた記録に直せば

$$(x' + Vt')^2 + y'^2 + z'^2 = c^2 t'^2 \tag{24.2-5}$$

となり, 原点が $-Vt'$ にある球面となる.

私たちが地球上で光の速度を測定する場合を考えると, 任意の慣性系に対する光の伝播速度が, その慣性系が他の慣性系に対してどのような速度を持つかには無関係に, すべての方向に c という速度で伝播することが, 直感的に感じられるかもしれない. 後に §24.18 で説明する **Michelson** (マイケルソン)-**Morley** (モーレー) **の実験** (Michelson-Morley's experiment (1887)) やその後になされた実験は, このことの正しいことを示している. つまり, (24.2-5) の

代りに S′ に対しても

$$x'^2 + y'^2 + z'^2 = c^2 t'^2 \qquad (24.2\text{-}6)$$

とならなければならない.

§24.3 Lorentz 変換

　前の節で考えた S, S′ で光の伝播を観測するものとする. 1つの事件を記述するのには位置と時刻によるのであるが, これらは尺度と時計によってなされる. S で位置を記述するのには, S に対して静止する標準になる尺度を何回もあてて距離を測定する. 時間の方は時計を使う. アンモニア分子の N 原子の振動 (3個の H 原子のつくる平面の一方の側から反対の側へまた逆に振動する) を使う原子時計でもよい. S に静止する 1個の時計の場合, 問題はないが, S に多くの時計をばらまいていろいろな場所に静止する時計をおくときには, 時計を合わせることが問題になる. S で事件を記述するときには, S の各所に配置した時計の指針でその場所に起こった事件の時刻を知ることができる. S′ でも同様である. S での時刻を t, S′ での時刻を t' とするとき, 次に述べる要請を満足するようにおのおのの系についての時刻がきまると考える. これらを t, t' とする.

　S で

$$x^2 + y^2 + z^2 = c^2 t^2 \qquad (24.3\text{-}1)$$

の成り立つ現象を S′ で記述すると, Galilei 変換による (24.2-5) でなく, (24.2-6), すなわち

$$x'^2 + y'^2 + z'^2 = c^2 t'^2 \qquad (24.3\text{-}2)$$

が成り立たなければならないというのが要請である.

　Einstein は次の2つの基礎原理を事件の時間空間的記述の根本においた.

特殊相対性原理 (principle of special relativity)　一般の物理法則はすべての慣性系に対して同じである.

光速度不変の原理（principle of invariance of light velocity）　真空内で1つ
の源から出た光の伝播はどの慣性系から観測しても同じ種類の尺度と時計
を使うとき,[1] その慣性系に対する光源の速度には無関係に同じ一定値を
持つ速度

$$c = 299792.5 \text{ km/s } \text{[2]}$$

になっている.

Einstein[3] はこの2つの原理をもとにして理論の体系をつくった. これを**特
殊相対性理論**（special theory of relativity）とよぶ. 光が c の速さで伝わること
が物理法則であるからといって, 上の第2の原理が第1の原理に含まれると考
えてはいけない. Newton 力学でも2つの慣性系に対してまったく同じ力学法
則が成り立つが, 質点の速度は Galilei 変換の示すようにちがっている. 光速度
不変の原理は相対性原理とは独立な原理である.

いま

$$\left.\begin{array}{l} s^2 = c^2 t^2 - x^2 - y^2 - z^2, \\ s'^2 = c^2 t'^2 - x'^2 - y'^2 - z'^2 \end{array}\right\} \text{[4]} \qquad (24.3\text{-}3)$$

とおこう.

S, S′ は慣性系であって, どちらからみても他方は一定の速度で動くから, S
に対して一様な直線運動は S′ に対しても一様な運動でなければならない. す
なわち, (x, y, z, t) について1次の方程式は (x', y', z', t') についても1次の方程
式でなければならない. したがって, (x, y, z, t) と (x', y', z', t') との間の変換は
1次変換でなければならない.

　光速度不変の原理によって

---

1)　多くの本には同じ種類の尺度と時計という語はないが, ここではこれを入れた. M.
　　Born 著, 瀬谷正男訳:「アインシュタインの相対性原理」（講談社, 1971) 228ページ.
2)　光は光子であるが, 光子ばかりでなく, ニュートリノ, 反ニュートリノなど, 質量が0
　　の粒子についてこの原理が成り立つと信じられている.
3)　Albert Einstein（1879 ～ 1955). 数世紀を通じての最大の物理学者の1人. 相対論の
　　第1論文は Zur Elektrodynamik bewegter Körper で Annalen der Physik, 4 Folge, Bd.
　　17（1905) に発表.
4)　$s^2 = x^2 + y^2 + z^2 - c^2 t^2$ とした方が自然と考えてもよい.（24.3-3) のように符号が
　　反対にとられているのは習慣に過ぎない.

$$s^2 = 0 \text{ ならば } s'^2 = 0 \text{ でその逆も成り立つ.}$$

したがって s^2 と s'^2 との関係は

$$s'^2 = \kappa s^2 \qquad\qquad (24.3\text{-}4)$$

の形でなければならない. この定数 κ は (x, y, z, t) にも (x', y', z', t') にもよらない. 何となれば, もしよるとすると場所（太陽系の近くの空間か他の恒星, 星雲の方の空間）と時刻（今から 100 億年前と, 今と, 今から 100 億年後など）によって空間・時間の性質がちがうことになる. つまり私たちは空間と時間の**均質性**（homogeneity of space and time）を仮定することにする. また空間に**方向性がない**こと（isotropic nature of space）を仮定すると κ は S, S' の相対速度の方向にもよらない.

$$\kappa = \kappa(|V|) \qquad\qquad (24.3\text{-}5)$$

である.

　相対性原理によれば, S に対して成り立つことは S' に対しても成り立たなければならないから,

$$s^2 = \kappa s'^2 \qquad\qquad (24.3\text{-}6)$$

でなければならない. (24.3-4), (24.3-6) から

$$\kappa^2 = 1. \quad \therefore \ \kappa = \pm 1. \qquad\qquad (24.3\text{-}7)$$

つまり, κ は V の関数といっても実は定数で, $+1$ をとるか -1 をとるかのどちらかであることがわかる. $V = 0$ の場合を考えれば $s^2 = s'^2$ であるから, $\kappa = 1$ でなければならない. このようにして

$$c^2 t^2 - x^2 - y^2 - z^2 = c^2 t'^2 - x'^2 - y'^2 - z'^2 \qquad (24.3\text{-}8)$$

が得られる. そうすると私たちの問題は

$$s^2 = c^2 t^2 - x^2 - y^2 - z^2 \qquad\qquad (24.3\text{-}9)$$

を**不変**（invariant）に保つような 1 次変換を求めることになる.

　まず

$$y' = ay, \quad a: V \text{ の関数}$$

とおこう. $\kappa = 1$ を得たのと同様な方法で $a = 1$ が得られる.

$$y' = y. \qquad\qquad (24.3\text{-}10)$$

同様に

$$z' = z. \tag{24.3-11}$$

(24.3-8) は簡単に

$$c^2t^2 - x^2 = c^2t'^2 - x'^2 \tag{24.3-12}$$

となる. S' の原点 O' $(x' = 0)$ の S に対する運動は仮定により $x = Vt$ であるから,

$$x' = \gamma(x - Vt) \tag{24.3-13}$$

でなければならない. 変換のもう 1 つの式として

$$t' = \mu x + \nu t \tag{24.3-14}$$

とおこう.

S' からみた O の運動は簡単に $x' = -Vt'$ と書けそうであるが, いままでの議論から自動的に出てくるものではないのでこれは**仮定**しよう.

$$x' = -Vt'. \tag{24.3-15}$$

一方, O は $x = 0$ で与えられるから (24.3-13), (24.3-14) によって

$$x' = -\gamma Vt = -\frac{\gamma}{\nu}Vt'.$$

これと (24.3-15) とを比べて $\gamma = \nu$ となる. それゆえ

$$x' = \gamma(x - Vt), \tag{24.3-16}$$
$$t' = \mu x + \gamma t \tag{24.3-17}$$

とだいぶ整理された. これらの式を (24.3-12) に代入して

$$c^2t^2 - x^2 = c^2(\mu x + \gamma t)^2 - \gamma^2(x - Vt)^2.$$

t^2, x^2, tx の係数を比較して

$$c^2 = c^2\gamma^2 - \gamma^2 V^2,$$
$$-1 = c^2\mu^2 - \gamma^2,$$
$$0 = c^2\gamma\mu + \gamma^2 V.$$

これらのうちの第 1, 第 3 の式から

$$\gamma = \pm\frac{1}{\sqrt{1 - \dfrac{V^2}{c^2}}}, \quad \mu = \mp\frac{V}{c^2\sqrt{1 - \dfrac{V^2}{c^2}}}$$

が得られる. 上の 3 つの式の第 2 の式は自動的に満足されている (これは (24.

3-15) の $x' = -Vt'$ の仮定による).

　$t = 0$ で $x > 0$ に対して $x' > 0$ になるように x, x' をとると $\gamma > 0$ でなければならない. したがって

$$\gamma = \frac{1}{\sqrt{1 - \dfrac{V^2}{c^2}}}, \quad \mu = -\frac{V}{c^2 \sqrt{1 - \dfrac{V^2}{c^2}}}.$$

これで (x, y, z, t) と (x', y', z', t') の関係を与える変換の式が得られたことになる.

$$x' = \frac{x - Vt}{\sqrt{1 - \beta^2}}, \quad y' = y, \quad z' = z, \quad t' = \frac{t - \dfrac{V}{c^2} x}{\sqrt{1 - \beta^2}}, \quad \beta = \frac{V}{c}.$$

$$(24.3\text{-}18)$$

これらを x, y, z, t について解いて (または V の代りに $-V$ とおいて)

$$x = \frac{x' + Vt'}{\sqrt{1 - \beta^2}}, \quad y = y', \quad z = z', \quad t = \frac{t' + \dfrac{V}{c^2} x'}{\sqrt{1 - \beta^2}}, \quad \beta = \frac{V}{c}$$

$$(24.3\text{-}19)$$

が得られる. (24.3-18), (24.3-19) を **Lorentz 変換**とよぶ. これらの式は Lorentz が古い時空の考え方の上に立って, 電磁気学を使って物体の長さ, 時計の進みを考えたときに得た変換式と同じ形をしているのでこの名がある. これらの式で $V \ll c$ とすれば Galilei の変換 (24.2-2), (24.2-3) が得られる. 形式的には $c \to \infty$ とおいても同じ結果となる.

　Lorentz 変換の式をみると,

> どの慣性系も他の慣性系に対して $V > c$ の速度を持つことができない

ことがわかる. $V > c$ であると Lorentz 変換の式に $\sqrt{-1}$ が入るからである. 慣性系の相対速度が c を超えられないばかりでなく,

> どんな信号もその速さが c を超えることはできない

ことを証明しよう.

　いま S, S′ の原点 O, O′ が一致したとき信号が発しられたとし ($x = 0$, $t = 0$; $x′ = 0$, $t′ = 0$), これが S′ の $-x′$ の方向に c より大きい $U′$ の速さで伝わるとする. S′ での時間 $t′$ の後には O′ の後方 $U′t′$ に達する. この事件を $E(-U′t′, t′)$ とする. これを S からみると,

$$E\left(\frac{-U′ + V}{\sqrt{1 - \beta^2}}\, t′, \quad \frac{1 - \dfrac{VU′}{c^2}}{\sqrt{1 - \beta^2}}\, t′\right)$$

である. ここで信号が S 系で O に向かって $U\ (> c)$ の速度で返されるとする. O に到着する時刻は

$$t = \frac{1 - \dfrac{VU′}{c^2}}{\sqrt{1 - \beta^2}}\, t′ + \frac{-\dfrac{-U′ + V}{\sqrt{1 - \beta^2}}\, t′}{U} = \frac{1 - \dfrac{VU′}{c^2} + \dfrac{U′ - V}{U}}{\sqrt{1 - \beta^2}}\, t′$$

$$= \left[\left(1 - \frac{VU′}{c^2}\right)\left\{1 + \frac{U′ - V}{U}\Big/\left(1 - \frac{VU′}{c^2}\right)\right\}\Big/\sqrt{1 - \beta^2}\right]t′.$$

それゆえ, $1 - \dfrac{VU′}{c^2} < 0$, $1 + \dfrac{U′ - V}{U}\Big/\left(1 - \dfrac{VU′}{c^2}\right) > 0$, いいかえれば

$$U′ > \frac{c^2}{V}, \quad U > \frac{U′ - V}{\dfrac{U′V}{c^2} - 1}$$

にとると $t < 0$ となる. これは O から信号を出して, これが帰ってくるのがその以前ということになるから, 信号の性質上矛盾している. したがって信号の速さは c を超えることはできない.

§24.4　同時刻の相対性

　事件 E_1 と E_2 とが慣性系 S からみて同時に起こるというのは, E_1 に対する t と E_2 に対する t とが等しいことで定義される.

$$E_1 : (x_1, y_1, z_1, t), \quad E_2 : (x_2, y_2, z_2, t).$$

これらを S′ からみると

$$E_1 : (x_1′, y_1′, z_1′, t_1′), \quad E_2 : (x_2′, y_2′, z_2′, t_2′)$$

と記述されるとする. Lorentz 変換によれば

$$t_1' = \frac{t - \dfrac{V}{c^2} x_1}{\sqrt{1 - \beta^2}}, \qquad t_2' = \frac{t - \dfrac{V}{c^2} x_2}{\sqrt{1 - \beta^2}}.$$

したがって,

$$t_2' - t_1' = \frac{V(x_1 - x_2)}{c^2 \sqrt{1 - \beta^2}}. \tag{24.4-1}$$

それゆえ, t_1' と t_2' とは $x_1 = x_2$ でないかぎり, すなわち時計が同じ場所にないかぎり等しくないことになる.

> x 軸上のちがう場所でSからみて同時に起こった2つの事件は, S′ からみると同時ではない.

同様に

> x' 軸上のちがう場所でS′ からみて同時に起こった2つの事件は, Sからみると同時ではない.

このことを**同時刻の相対性**(relativity of simultaneity)とよぶ.

 Newton 力学の考え方では, 同時というものは, 各瞬間宇宙全体に広がっていて, それがしだいに過去から未来に移っていくものと考え, これを直観的に疑問の余地のないものとして受け入れていたのであるが, 相対論では2つの事件がSからみて同時に起こったということは $t_1 = t_2$ で与えられるので, これは $x_1 \neq x_2$ のときは $t_1' \neq t_2'$ となる. すなわち, S′ からみると (Sの記述をS′ の記述に翻訳すると) 同時刻に起こったことにはならない. このようなことは, (x, t) と (x', t') との関係が Lorentz 変換で $x = x(x', t')$, $t = t(x', t')$ によって x, t をS′ の方の変数で表わすとき x' も t' も両方とも入っていることに起因している.

 このことをもう少しわかりやすくするため, 24.4-1 図のような左右 $(x, x'$ で代表させている) と前後 $(y, y'$ で代表) のつくる平面を考えよう. 図で (x, y)

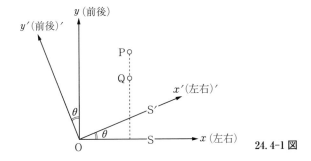

24.4-1 図

座標を S, (x', y') 座標を S′ とする $(y, y'$ を t, t' とすれば，これらは相対論での 1 つの慣性系と，これに対して x 方向に V の速度で運動しているもう 1 つの慣性系に対応しているものである）．$\angle xOx' = \theta$ とすれば

$$
\left.
\begin{array}{l}
x' = x\cos\theta + y\sin\theta, \\
y' = -x\sin\theta + y\cos\theta
\end{array}
\right\} \tag{24.4-2}
$$

となり，x', y' を x, y で表わすとき x, y の両方ともが入っている．逆の変換の場合にも同じことがいえる．x, x' を左右，y, y' を前後とするのであるが，24.4-1 図の平面は

左右と前後が融け合って平面をつくっている

といってもよいであろう．図で P, Q の 2 点は S からみると左右の関係でいうとどちらを左とも右ともいえず一致しているが，S′ からみると P が右にある．あたりまえのことをいったが，このことは左右の関係が相対的であると表現してよいであろう．

　(24.4-2) の式と Lorentz 変換の式（24.3-18）を比較してみるとよく似ていることに気づかれよう．そうすると

Lorentz 変換は，空間と時間とがある意味で融合し（fuse）あっている

ことを示すものと考えることができるし，同時刻の相対性はこの融け合いの結果で平面の場合の左右の相対性と似たものであることが考えられよう．逆にい

うと，左右の相対性があたりまえであるように，時間の前後の相対性はあたり
まえであるともいえよう．

§24.5　Lorentz 収縮

　S′ 系の x' 軸上に 1 本の棒 AB が静止して横になっているとする．A, B の座
標を $x_A{}', x_B{}'$ とする．

$$x_B{}' - x_A{}' = l_0$$

を棒の**固有の長さ**（proper length）とよぶ．S 系に静止している観測者からみ
るとこの棒の長さはどう記述されるであろうか．棒は S 系に対しては動いて
いるから，棒の長さということばを使うときには気をつけなければならない．

　S からみた棒の長さとは S に対して同時刻に測った A, B 両点の座標の差
$= x_B - x_A$ である．

$$x_A{}' = \frac{x_A - Vt_A}{\sqrt{1 - \beta^2}}, \quad x_B{}' = \frac{x_B - Vt_B}{\sqrt{1 - \beta^2}}, \quad t_A = t_B.$$

したがって

$$l_0 = x_B{}' - x_A{}' = \frac{x_B - x_A}{\sqrt{1 - \beta^2}} = \frac{l}{\sqrt{1 - \beta^2}}.$$

それゆえ

$$l = l_0\sqrt{1 - \beta^2} \tag{24.5-1}$$

となり，S から観測した棒の長さは，固有の長さ l_0 よりも小さくなる．これを
Lorentz 収縮（Lorentz contraction）とよぶ．同様にして，x 軸上に横になって
いる固有長 l_0 の棒を S′ から観測すると，やはり $l_0\sqrt{1 - \beta^2}$ と観測される．

§24.6　動く時計の遅れ

　S′ に対して静止している時計があるとし，その位置を x_1' とする．2 つの事
件が x_1' で起こるとし，それらが t_1', t_2' に起こるものとする．

$$E_1(x_1', t_1'), \quad E_2(x_2', t_2'), \quad x_2' = x_1'.$$

たとえば，その時計の針が 1 時を指すという事件と 2 時を指すという事件が起

こったとする.

$$t_2' - t_1' = \tau$$

を E_1, E_2 の両事件の間の**固有時間間隔**(proper time interval)とよぶ.S系から観測した E_1, E_2 を

$$E_1(x_1, t_1), \qquad E_2(x_2, t_2)$$

とする.

$$t_1 = \frac{t_1' + \dfrac{V}{c^2}x_1'}{\sqrt{1-\beta^2}}, \qquad t_2 = \frac{t_2' + \dfrac{V}{c^2}x_2'}{\sqrt{1-\beta^2}}, \qquad x_1' = x_2'.$$

したがって

$$t = t_2 - t_1 = \frac{\tau}{\sqrt{1-\beta^2}}. \tag{24.6-1}$$

たとえば,上に例として述べた S′ 系で,時計の針が1時を指す事件と2時を指す事件の S′ 系から観測した時間間隔(固有時の差)はもちろん $\tau = 1$ 時間であるが,これを S から観測するとたとえば90分と観測されることになる.したがって S′ の時計は S からみると遅れることになる.これを**動く時計の遅れ**(dilation of moving clocks)とよぶ.

(24.6-1)の意味に慣れるために,計算の簡単な $\beta = \dfrac{V}{c} = \dfrac{3}{5}$ の場合を考えよう.

$$t = \frac{5}{4}\tau$$

となる.

S′ の原点で人が生まれ(事件 E_1),そこで80年生きて死んだ(事件 E_2)とする.S′ の S に対する速度は $(3/5)c$ とする.これを S にいる観測者から観測すれば,80年 × 5/4 = 100年 生きていたことになる.この人が S の原点で生まれ,80年生きて死んだ場合,S′ から観測すればやはり100年となる.

μ 中間子(muon)は発生してから平均 2.2×10^{-6} s の寿命で消滅する.非相対論では仮に光速度で飛んだとしても発生してから消滅するまでに 3×10^8 (m/s) × 2.2×10^{-6} s ≒ 660 m 以上飛ぶことはできない.この中間子は大気の上空で,宇宙線(プロトンが主)によって発生するが,5×10^4 m 飛んで地上ま

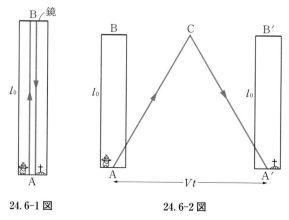

24.6-1 図　　　　　　　　　24.6-2 図

で到達するのが検出される．もし $V = 0.99994c$ であるとすれば，相対論では
$1 \Big/ \sqrt{1 - \left(\dfrac{V}{c}\right)^2} = 91$ となるので，地上から観測する平均寿命は $2.2 \times 10^{-6} \times$
91 s となり，μ 中間子の大気中の到達距離が深いことが理解される．

　時計には分子内の原子の振動など自然界にあるものを使うことができるが，
次の時計を考えよう．これを仮に**光時計**と名づける．[1]

　光時計：長さ l_0 の円筒 AB の両端 AB の間に光を往復させてその回数によっ
　　　　て時を測る（24.6-1 図）．光が 1 往復する間の時計の進みは
　　　　$\tau = 2l_0/c$ である．

　24.6-2 図のように地上からみて時計 AB がそれ自身に直角に V の速度で動
くとする．時計内で光が 1 往復する間（時計の進み τ）に地上で観測して時間
が t だけたつものとする．光が A を出て B で反射し A′ に帰るのを，地上から
みれば ACA′ となる．

$$\overline{\mathrm{AC}} = \sqrt{l_0{}^2 + \left(\frac{1}{2}Vt\right)^2}$$

であり，光の速度は地上で測っても c であるから，

---

　1)　Feynman 時計ともよぶ．*The Feynman Lectures on Physics*. vol. 1, 15-4.

$$t = \frac{2\,\overline{\text{AC}}}{c} = 2\frac{\sqrt{l_0{}^2 + \left(\frac{1}{2}Vt\right)^2}}{c}.$$

これから t を求めると，

$$t = \frac{2l_0}{c}\frac{1}{\sqrt{1 - \left(\frac{V}{c}\right)^2}} = \frac{\tau}{\sqrt{1 - \left(\frac{V}{c}\right)^2}}.$$

これは（24.6-1）と一致している．時計の遅れ，同時刻の相対性は特殊相対論でもっとも直観的につかみにくいものである．この光時計による考察は簡単であり，ゆっくり考えるのに適している．この現象は，相対性理論についてゆっくりと考え，同時刻の相対性を直観化するのによい助けとなるものの1つであろう．

24.6-2 図で $V = (3/5)c$ とし，光が A を出た瞬間に時計の中で赤ん坊が生まれたとし，光が光時計を往復して A′ に帰ったときその人が死んだと考えよう．光が時計を往復する時間を前に説明したように 80 年とすれば，S からみればこの人は 100 年生きていたことになる．S からみて 100 年生きた人が，自分は 80 年生きたというのであるから，S の観測者はこの人の持っていた時計は遅れる時計であると判断するであろう．これが動く時計の遅れということの意味である．

§24.7　速度の合成

座標 S′ が S に対して V の速度で x 方向に運動する．1 つの点 P が S′ に対して $x′$ 方向に速度 U で運動するとき，P は S に対してどのような速度を持つであろうか．

Galilei 変換によれば簡単に $U + V$ となる．相対論によって計算しよう（24.7-1 図）．

S′ で記述する運動は

$$x' = Ut'. \tag{24.7-1}$$

Lorentz 変換によって，x, t で表わせば

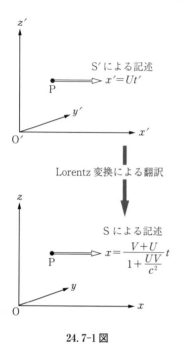

24.7-1 図

$$x' = \frac{x - Vt}{\sqrt{1 - \beta^2}}, \qquad t' = \frac{t - \dfrac{V}{c^2} x}{\sqrt{1 - \beta^2}}.$$

(24.7-1) に代入して

$$\frac{x - Vt}{\sqrt{1 - \beta^2}} = U \frac{t - \dfrac{V}{c^2} x}{\sqrt{1 - \beta^2}}.$$

これから

$$x = \frac{V + U}{1 + \dfrac{UV}{c^2}} t. \qquad (24.7\text{-}2)$$

したがって S からみると P は $\dfrac{V + U}{1 + \dfrac{UV}{c^2}}$ の

速度を持つことになる.$U = c$ ならば $x = ct$ となり相対論の基本的原理に合う.[1]

Fizeau の実験 (1851)

　　Fizeau[2] の実験では実験室に対して水を V の速度で流しておく.この水の流れにそってその中に光を送る.光は水に対して c/n (n:屈折率) の速さで伝わる.光の実験室に対する速度を求めるのには,実験室を S,水を S' とみればよい.$U = c/n$ とおいて

実験室に対する光の速度 $\quad c' = \dfrac{V + \dfrac{c}{n}}{1 + \dfrac{V \dfrac{c}{n}}{c^2}} = \dfrac{c}{n} + \dfrac{1 - \dfrac{1}{n^2}}{1 + \dfrac{V}{nc}} V$

となる.$\beta^2 = V^2/c^2$ またはそれより高次の微小量を省略すると

$$c' = \frac{c}{n} + \left(1 - \frac{1}{n^2}\right) V.$$

これを

---

1) D. Sadeh (Phys. Rev. Letters **10** (1963) 271) は,γ 線の速度がその線源の速度によらないことを確認した.

2) Armand Hippolyte Louis Fizeau (1819 〜 1896). フランスの物理学者.

$$c' = \frac{c}{n} + aV$$

と書くと a を Fresnel（フレネル）[3] の **dragging coefficient** とよぶ．相対論の出る前，$a = 1$ ならば，光を伝える媒質（エーテル）は水に完全に引きずられていることになり，$a = 0$ ならば $c' = c/n$ で，水が運動してもエーテルは水に引きずられていないという意味で考えられていたものである．相対論によると $a = 1 - \dfrac{1}{n^2}$ であるが，エーテルの存在が否定された以上，この $1 - \dfrac{1}{n^2}$ には dragging という意味はない．

§24.8　Lorentz 変換の幾何学的表示

2 次元の平面で (x, y) 軸から (x', y') 軸に θ の角の回転の直交変換をすれば（24.8-1 図），これは

$$\left.\begin{array}{l} x' = x\cos\theta + y\sin\theta, \\ y' = -x\sin\theta + y\cos\theta \end{array}\right\}$$

$$(24.8\text{-}1)$$

で与えられる．

	x	y
x'	$\cos\theta$	$\sin\theta$
y'	$-\sin\theta$	$\cos\theta$

Lorentz 変換は

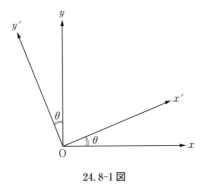

24.8-1 図

---

3)　Augustin Jean Fresnel（1788 ～ 1827）. フランスの物理学者.

$$x' = x \frac{1}{\sqrt{1-\beta^2}} - t \frac{V}{\sqrt{1-\beta^2}},$$
$$t' = -x \frac{V/c^2}{\sqrt{1-\beta^2}} + t \frac{1}{\sqrt{1-\beta^2}} \qquad (24.8\text{-}2)$$

と書けるが，一見 (24.8-1) と似ていることに気がつかれよう．(24.8-2) をもう少し (24.8-1) に合うように書き直す．

$$x' = x \cosh\psi - ct \sinh\psi,$$
$$ct' = -x \sinh\psi + ct \cosh\psi,$$

ただし

$$\cosh\psi = \frac{1}{\sqrt{1-\beta^2}}, \qquad \sinh\psi = \frac{\beta}{\sqrt{1-\beta^2}}. \qquad (24.8\text{-}3)$$

また

$$\tanh\psi = \beta = \frac{V}{c}.$$

(24.8-3) を x, ct で解くと

$$x = x' \cosh\psi + ct' \sinh\psi,$$
$$ct = x' \sinh\psi + ct' \cosh\psi. \qquad (24.8\text{-}4)$$

　(24.8-3) と (24.8-1) とを比べると，係数の符号が少しちがうがよく似ていることに気がつこう．このちがいは (24.8-1) では

$$x^2 + y^2 = x'^2 + y'^2$$

であるのに対して，(24.8-3) では

$$c^2 t^2 - x^2 = c^2 t'^2 - x'^2$$

であることによっている．

　いま Minkowski [1] にしたがって，x と ct を座標とする 2 次元空間（24.8-2図）を考えよう．S系の原点Oにおかれている物体を考えると，その位置は $x = 0$ であるが，時刻は移っていくのでその物体は ct 軸に沿って空間を移っていく．x 軸上の各点は位置はちがうが $t = 0$ であるから，Sからみて同時刻に起こる事件を表わす．

　一般にこの平面内の 1 点は事件を表わす．x 方向に u の速度を持つ点は $x = (u/c) \cdot ct$ で表わされる．上に述べた $x = 0$ の ct 軸や，この $x = (u/c) \cdot ct$

---

1)　Hermann Minkowski（1864 ～ 1909）．ドイツの数学者．

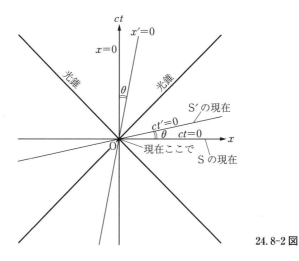

24.8-2 図

は事件の連続的経過を示すものと考えられるが，これらを**世界線**（world line）とよぶ．世界線は曲がっていてもよい．原点を発した光の波面の世界線は

$$x = ct,$$

すなわち，x と ct の両軸の二等分線である．空間は実は 3 次元であるから，24.8-2 図は (x, y, z, ct) の 4 次元空間の断面と考えられる．$-x$ 方向に進む光は $x = -ct$ と表わされるが，$x = ct$，$x = -ct$ は 4 次元空間内の錐（cone）の断面である．これを**光錐**（light cone）とよぶ．この 4 次元の空間で x, y, z と ct とは融け合っていると考えられるが，後に示すように時間の方はいくらかちがう立場をとるので，3 ＋ 1 次元空間とよぶことにする．

通常の (x, y) 平面の場合，x 軸，y 軸がはじめにあって，それから (x, y) 平面があると考えるよりも，平面が先にあって，その上の点の位置を記述するためにその中に任意に x, y 軸をとっていると考える方が現象に直結した考え方であろう．上に考えた (x, y, z, ct) の空間でも 3 ＋ 1 次元空間が先にあって，その中にどの慣性系から現象（事件）を記述しているかにしたがって適当な (x, y, z, ct) 軸をとっていると考えてよいであろう．つまり，はじめに 3 ＋ 1 次元空間と事件があると考え，これらはどの慣性系をいまとっているかとは無関係なものと考えてはどうであろうか．これからはこの 3 ＋ 1 次元空間が主役を演じることになろう．

慣性系 S の x 軸と慣性系 S' の x' 軸を一致させ, S' が S に対して V の速度で x 方向に動くとする. その原点 O' の世界線は

$$x = Vt = \frac{V}{c}(ct) \tag{24.8-5}$$

である. $t = 0$ で S' の原点 O' は O と一致していたのであるが, このときと S' からみて同時にある点は (24.8-3) で $t' = 0$ とおいて

$$x = ct \coth \psi = \frac{c}{V}(ct). \tag{24.8-6}$$

(24.8-5), (24.8-6) を比べると, この 2 つの直線 O-x', O-ct' は x 軸, ct 軸と等しい角 θ をつくることがわかる.

$$\cos\theta = \frac{1}{\sqrt{1 + \beta^2}}, \quad \sin\theta = \frac{\beta}{\sqrt{1 + \beta^2}}.$$

1 つの事件を E とし, これを E(x, ct) で表わす. 24.8-3 図のような斜交軸 O-X', O-cT' を考え, これに対する座標を X', cT' とすれば (x, ct, X', cT' みな共通の単位で)

$$\left.\begin{array}{l} x = X'\cos\theta + cT'\sin\theta, \\ ct = X'\sin\theta + cT'\cos\theta. \end{array}\right\} \tag{24.8-7}$$

(24.8-7) で

$$X' = x'\frac{\sqrt{1 + \beta^2}}{\sqrt{1 - \beta^2}}, \quad cT' = ct'\frac{\sqrt{1 + \beta^2}}{\sqrt{1 - \beta^2}} \tag{24.8-8}$$

とおくと Lorentz 変換 (24.8-4) または (24.8-2) が得られる. それゆえ E を (x, ct) または (x', ct') で表わすとその関係は直交軸と斜交軸との関係になっているが, 単位は (24.8-8) で与えられるようにちがうことがわかる. (X', cT')

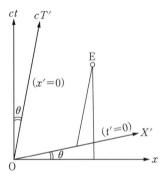

24.8-3 図

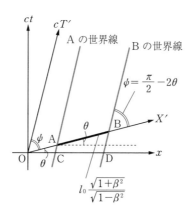

24.8-4 図

の単位の方が (x', ct') の単位よりも小さい．このように 24.8-3 図の表わし方
では単位に注意が必要である．

S′ 系の x' 軸にそって固有長 l_0 の棒が横になっているとし，両端を A, B とす
る（24.8-4 図）．A, B の世界線を引いて x 軸と交わる点を C, D とすれば CD
が S に相対的に同時に A, B で起こった事件の座標差で，S から測った棒の長
さになる．

$$\overline{AB} = l_0 \frac{\sqrt{1 + \beta^2}}{\sqrt{1 - \beta^2}}$$

である．図で

$$\frac{\overline{CD}}{\sin\left(\frac{\pi}{2} - 2\theta\right)} = \frac{\overline{AB}}{\cos\theta}$$

であるから

$$l = \overline{CD} = l_0 \frac{\sqrt{1 + \beta^2}}{\sqrt{1 - \beta^2}} \cdot \frac{\cos 2\theta}{\cos\theta} = l_0 \sqrt{1 - \beta^2}.$$

これが Lorentz 収縮である．

| 例題 ここの考え方と同様にして時計の遅れの式を導け．

24.8-5 図を 3 ＋ 1 次元の空間とみると，これは光錐によって分けられている
ことがわかる．第 1 の領域は

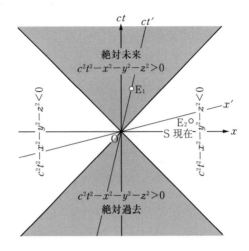

24. 8-5 図

$$c^2t^2 - x^2 - y^2 - z^2 < 0.$$

第2の領域は

$$c^2t^2 - x^2 - y^2 - z^2 > 0.$$

　事件 E_1 が $c^2t^2 - x^2 - y^2 - z^2 > 0$ にあり，$t > 0$ のときはどのような S' 系を考えても E_1 に対する t' は正である．それゆえ事件 O よりも未来の事件になる．この領域を**絶対未来の領域**という．S が S' に一致しているときに O から発しられた信号の伝播はこの絶対未来の領域で起こり，どのような S'（V がどのようなもの）をとっても信号を受ける時刻 t' は $t' > 0$ でなければならない．それゆえ，O で起こった事件を原因として起こる他の事件はこの絶対未来の領域になければならない．たとえば，1つの粒子が発生する事件を O とすれば，それが消滅する事件は必ず未来で起こらなければならないから，この絶対未来の領域にある．同様のことを**絶対過去の領域**についてもいうことができる．

　$c^2t^2 - x^2 - y^2 - z^2 < 0$ の領域にある事件 E_2 をとろう．S 系でみると事件 O よりも未来にあるが，S' 系からみると，$ct' < 0$，すなわち過去の事件である．x' 軸が E_2 を通るようにすれば O と同時になる．それゆえ E_2 は O を原因とする結果の事件ということはできない．たとえば，東京と大阪で2つの独立な事件が起こるとき O と E_2 の関係にあれば，これを観測する系により一方が他方と同時にも，他方の過去にも未来にもなることができる．一方が原因の事件で，他方がその結果起こった事件であるときには O, E_1 の関係になければならない．

O と E₁ についていうと E₁ を $E_1(x, y, z, ct)$, または $E_1(x', y', z', ct')$ とすれば
$$s^2 = c^2 t^2 - x^2 - y^2 - z^2 = c^2 t'^2 - x'^2 - y'^2 - z'^2 \quad (24.8\text{-}9)$$
で s^2 は Lorentz 変換に関して不変であるが,このとき s を 2 つの事件の**間隔**(interval)という.E₂ についても同様である.

E₁ の場合には適当な S′ をとれば $x' = 0$ にすることができて($y' = z' = 0$ として)$s = ct'$ にすることができるので,間隔 OE₁ を**時間的間隔**とよぶ.E₂ の場合には $t' = 0$($y' = z' = 0$ として)にすることができ $s^2 = -x'^2$ にすることができるので,OE₂ を**空間的間隔**とよぶ.時間的間隔と空間的間隔とは互いに一方から一方には変わることができない.それが x, y, z, ct の融け合う 4 次元空間を 3 + 1 次元の空間(**世界**(world)とよぶ)と名づける理由である.

3 + 1 次元の世界では事件はその 1 つの点 E で表わされる.事件は光を発射するとか,これを受け取るとか,粒子が生まれるとか,人が生まれるとか絶対的な意味を持つもので,これを S 系で記述するとか S′ 系で記述したりするとその記述が時間,空間を含めて相対的となる.

いままでは 1 つの慣性系 S について x と ct を直交軸にとって図を描いたが,S′ について x' と ct' を直交軸にすれば x と ct とは斜交軸になる.光錐は変わらない.

上に述べた幾何学的解釈を提案した Minkowski は他のもう 1 つの方法を示した.それは,Lorentz 変換を
$$\left.\begin{array}{l} x' = x \dfrac{1}{\sqrt{1-\beta^2}} + (ict)\dfrac{i\beta}{\sqrt{1-\beta^2}}, \\[2mm] ict' = -x \dfrac{i\beta}{\sqrt{1-\beta^2}} + (ict)\dfrac{1}{\sqrt{1-\beta^2}} \end{array}\right\} \quad (24.8\text{-}10)$$
と書いて,$(x, ict), (x', ict')$ 間の変換と考える方法である.そうすると
$$x^2 + y^2 + z^2 + (ict)^2 = x'^2 + y'^2 + z'^2 + (ict')^2$$
$$(24.8\text{-}11)$$
となり,直交変換の場合と同じ形になる.つまり,(24.8-10) の変換は
$$\cos\theta = \frac{1}{\sqrt{1-\beta^2}}, \quad \sin\theta = \frac{i\beta}{\sqrt{1-\beta^2}} \quad (24.8\text{-}12)$$
で与えられる角 θ(虚の角)だけ座標軸を回す直交変換になっている.この場

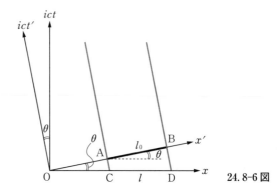

24.8-6 図

合は (x, ict) 空間と (x', ict') 空間とは等しい間隔の単位を使うが, その代り角 θ は虚数となる.

　Lorentz 収縮を考えよう. x' 軸上に横たわる棒 AB の固有の長さを l_0 とする. A, B の世界線 (ict' に平行) が x 軸と交わる点 C, D の間隔が (x, ict) 系からみた棒の両端に同時に起こる事件の距離, すなわち, (x, ict) 系からみた棒の長さである. 24.8-6 図から

$$l = \frac{l_0}{\cos\theta} = \frac{l_0}{1/\sqrt{1-\beta^2}} = l_0\sqrt{1-\beta^2}.$$

▍ **例題**　同様にして時計の遅れの式を導け.

§24.9　4元ベクトル

　前の節で, 1つの事件は $3+1$ 次元世界の1点で与えられること, ちがう慣性系による記述の間の関係は Lorentz 変換で与えられることを知った. 3次元空間との類推を求めると, 原点 O ($t = t' = 0$ でいろいろな慣性系の原点は一致しているとする) から Minkowski 空間 (x, y, z, ct) または (x, y, z, ict) の事件 E へ "矢" を引いたものが3次元の空間の位置ベクトルにあたることがわかる. ふつうの位置ベクトルではその大きさは $\sqrt{x^2 + y^2 + z^2}$ であるが, Minkowski 空間ではこれに対して $\sqrt{c^2t^2 - x^2 - y^2 - z^2}$ が**間隔** (interval) である. これだけのちがいはあるが, O から E に引いた矢を "**事件ベクトル**" とでも名づけ

てよいであろう.

　ふつうのベクトルで位置ベクトルから力や速度などの一般のベクトルの議論に移るのと同様にして, 3＋1次元世界でも事件を表わすベクトルから一般のベクトルに移ることができる.

3＋1次元世界でちがう慣性系を使うときに, $x_1 = x$, $x_2 = y$, $x_3 = z$, $x_4 = ict$ と同じように変換される量を4元ベクトルとよぶ.

　1つの量をS, S′で表わすとき, 成分が (A_1, A_2, A_3, A_4), (A_1', A_2', A_3', A_4') ならば

$$A_1^2 + A_2^2 + A_3^2 + A_4^2 = A_1'^2 + A_2'^2 + A_3'^2 + A_4'^2. $$

$$(24.9\text{-}1)$$

さて, (24.8-9) で $s = c\tau$ と書いて,

$$c^2\tau^2 = -\{(ict)^2 + x^2 + y^2 + z^2\} = c^2t^2 - x^2 - y^2 - z^2$$
$$= c^2t'^2 - x'^2 - y'^2 - z'^2 \qquad (24.9\text{-}2)$$

は Lorentz 変換について不変で, 運動点とともに動く慣性系を考えると $x' = 0$, $y' = 0$, $z' = 0$ であるから, (24.9-2) で $\tau = t'$ となる. それゆえ, 運動点にとりつけた時計で測った2事件間の時間間隔 t' は τ に等しくなるが, Lorentz 変換の不変量で**固有時** (proper time) とよばれる. そうすると,

$$\left(\frac{dx_1}{d\tau}, \frac{dx_2}{d\tau}, \frac{dx_3}{d\tau}, \frac{dx_4}{d\tau} \right)$$

も4元ベクトルである. これを**4元速度ベクトル**とよぶ.

　1つの点がSから測って u_x, u_y, u_z の速度成分を持つとする. 速度の大きさ u は $u^2 = u_x^2 + u_y^2 + u_z^2$ で与えられる. 動点につけた慣性系をS′とし, Sの原点と方向を変えた慣性系とを改めてSとし, x' 軸と x 軸とが同一直線上にあるようにすれば,

$$dt = \frac{d\tau}{\sqrt{1 - \dfrac{u^2}{c^2}}} \qquad (24.9\text{-}3)$$

であることがわかる. したがって, 4元速度ベクトルは

$$\left(\frac{u_x}{\sqrt{1 - \dfrac{u^2}{c^2}}}, \frac{u_y}{\sqrt{1 - \dfrac{u^2}{c^2}}}, \frac{u_z}{\sqrt{1 - \dfrac{u^2}{c^2}}}, \frac{ic}{\sqrt{1 - \dfrac{u^2}{c^2}}} \right) \quad (24.9\text{-}4)$$

で与えられる.

§24.10　運動量と質量

慣性系 S に相対的に $\boldsymbol{u}$ の速度で運動する質点に, u_x, u_y, u_z に比例する運動量（momentum）

$$\boldsymbol{p} = m\boldsymbol{u} \tag{24.10-1}$$

という量を考えて, m は $\boldsymbol{u}$ の大きさ u の普遍的関数

$$m = f(u) \tag{24.10-2}$$

とする. この節の問題は, Lorentz 変換によって特徴づけられる時間・空間の枠にしたがって, しかも $\boldsymbol{p}$, すなわち, 運動量に関する保存則が非相対論の場合と同様に成立するものと仮定し, このことを満足するように $f(u)$ の関数形を決定することにある.

　S 系上に A という観測者, S に対して x 方向に V という速度で運動する S′ 系上に B という観測者があるものとする. 2 つのまったく等しい球 P, Q があって, P は S 上の O に静止, Q は S′ 上の O′ に静止しているものとする（24.10-1 図）. O′ が O に一致した瞬間, 両方の球の相互作用により, Q は S′ から測って, つまり観測者 B からみて U の速度を y' 方向に得たとする. 対称の考えから, 球 P は $-y$ 方向に U の速度を A からみて得ているであろう.

　A から Q の運動をみると, Q は

$$\sqrt{1 - \beta^2}\, U, \quad \beta = \frac{V}{c}$$

の速度で動く.

　そこで, この質点系の y 方向についての運動量保存の法則が S に対して成り立つと仮定すれば

$$f\left(\sqrt{U^2(1 - \beta^2) + V^2} \right) U\sqrt{1 - \beta^2} = f(U)U$$

となる. 私たちの目的が f の関数形を求めることにあることを考え, その目的

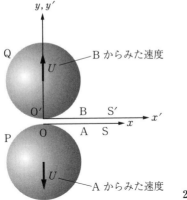

24.10-1 図

のために $U \to 0$ にすると

$$f(V)\sqrt{1 - \beta^2} = f(0).$$

$f(0) = m_0$ とおけば $f(V) = \dfrac{m_0}{\sqrt{1 - \beta^2}}$, すなわち

$$m = f(V) = \frac{m_0}{\sqrt{1 - \beta^2}} \tag{24.10-3}$$

が得られるが，これが $f(V)$ の関数形を与える．m_0 を**静止質量** (rest mass) という．したがって，運動量 $\boldsymbol{p}$ は

$$\boldsymbol{p} = \frac{m_0 \boldsymbol{u}}{\sqrt{1 - \dfrac{u^2}{c^2}}}. \tag{24.10-4}$$

(24.10-3) の式から $\beta = u/c \leqq 1$ でなければならない．すなわち，1つの系からみた質点の速度 u は c を超えることはできない．このことは，§24.3 の最後に述べた，一般に信号は c より速い速さで伝わることができないことの特別な場合にあたっている．$m_0 = 0$ ならば c の速度で伝わることはありうる．たとえば，光子，ニュートリノなどはそのような粒子とみなしてよい．

§24.11　力　仕事　エネルギー

Newton 力学の場合と同様に，1つの質点に力が作用するときにはその質点

の慣性系 S に対する運動量 $\boldsymbol{p}$ が時間 t に対して変化する．このとき，この変化はこの質点に働く力 $\boldsymbol{F}$ によるものとする．すなわち

$$\frac{d\boldsymbol{p}}{dt} = \boldsymbol{F}, \qquad \boldsymbol{p} = \frac{m_0 \boldsymbol{u}}{\sqrt{1 - \dfrac{u^2}{c^2}}} \tag{24.11-1}$$

と仮定する．仕事を

$$d'W = \boldsymbol{F} \cdot d\boldsymbol{s} \tag{24.11-2}$$

で定義しよう．

　1 つの質点に力が働いてその運動量を変化させるときには，微小時間に力の行なう仕事は

$$d'W = \boldsymbol{F} \cdot d\boldsymbol{s} = \boldsymbol{F} \cdot \boldsymbol{u}\, dt = \boldsymbol{u} \cdot d\left(\frac{m_0 \boldsymbol{u}}{\sqrt{1 - \dfrac{u^2}{c^2}}} \right) = \frac{m_0 u}{\left(1 - \dfrac{u^2}{c^2}\right)^{3/2}} du$$

$$= d\left(\frac{m_0 c^2}{\sqrt{1 - \dfrac{u^2}{c^2}}} \right). \tag{24.11-3}$$

いま

$$E = \frac{m_0 c^2}{\sqrt{1 - \dfrac{u^2}{c^2}}} = mc^2 \tag{24.11-4}$$

という量を考え，これに**エネルギー**（energy）という名をつけよう．そうすると，(24.11-3) は

$$dE = d'W \tag{24.11-5}$$

と書ける．質点が慣性系 S に対して静止しているときには

$$E_0 = m_0 c^2 \tag{24.11-6}$$

である．質点のエネルギーと静止しているときのエネルギー E_0 との差

$$T = E - E_0 = (m - m_0)c^2 = \frac{m_0 c^2}{\sqrt{1 - \dfrac{u^2}{c^2}}} - m_0 c^2 \tag{24.11-7}$$

を質点の**運動エネルギー**とよぶ．$u \ll c$ のときには

$$T = \frac{1}{2} m_0 u^2 + \cdots \tag{24.11-8}$$

となって，右辺の第1項は非相対論の運動エネルギーと同じ量となる.

（24.11-4）から

$$\boldsymbol{p} = \frac{m_0}{\sqrt{1 - \dfrac{u^2}{c^2}}} \boldsymbol{u} = \frac{E}{c^2} \boldsymbol{u}, \tag{24.11-9}$$

特に $m_0 = 0$ の場合は $u = c$ となり，

$$p = \frac{E}{c} \tag{24.11-10}$$

となる．光子の運動量とエネルギーとの関係がこの（24.11-10）で与えられる.

§24.12 運動量とエネルギー

2つの慣性系 S, S′ があるとする．S, S′ について運動量の成分とエネルギーから成り立つ

$$\left(p_x,\, p_y,\, p_z,\, \frac{iE}{c} \right), \qquad \left(p_{x'},\, p_{y'},\, p_{z'},\, \frac{iE'}{c} \right)$$

という2組の量を考え，これらの間に Lorentz 変換と同じ変換の式が存在することを証明しよう．それが証明できれば $(p_x, p_y, p_z, iE/c), (p_{x'}, p_{y'}, p_{z'}, iE'/c)$ はどちらにしても1つの4次元ベクトルを形成していることになる.

S, S′ は x, x' 軸が重なり，y, y'；z, z' は平行で，S′ は S に対して x 方向に V の一定速度で動いているものとする．質点はどんな方向に運動していてもよい.

$$p_x = \frac{m_0 u_x}{\sqrt{1 - \dfrac{u^2}{c^2}}}, \qquad p_y = \frac{m_0 u_y}{\sqrt{1 - \dfrac{u^2}{c^2}}}, \qquad p_z = \frac{m_0 u_z}{\sqrt{1 - \dfrac{u^2}{c^2}}}, \left.\vphantom{\frac{m_0 u_x}{\sqrt{1 - \dfrac{u^2}{c^2}}}}\right\}$$
$$u^2 = u_x{}^2 + u_y{}^2 + u_z{}^2$$
$$\tag{24.12-1}$$

であるが，速度の合成法（24.7-2）により，

$$u_x = \frac{V + u_{x'}}{1 + \dfrac{u_{x'} V}{c^2}}.$$

また

$$u_y = \frac{dy}{dt} = \frac{dy'}{d\left(\dfrac{t' + \dfrac{Vx'}{c^2}}{\sqrt{1-\beta^2}}\right)} = \frac{u_{y'}}{1 + \dfrac{V}{c^2}u_{x'}}\sqrt{1-\beta^2}, \quad \beta = \frac{V}{c}.$$

同様に

$$u_z = \frac{dz}{dt} = \frac{u_{z'}}{1 + \dfrac{V}{c^2}u_{x'}}\sqrt{1-\beta^2}.$$

これらから

$$1 - \frac{u^2}{c^2} = \frac{\left(1 - \dfrac{u'^2}{c^2}\right)(1-\beta^2)}{\left(1 + \dfrac{Vu_{x'}}{c^2}\right)^2}.$$

したがって,

$$p_x = \frac{p_{x'} + VE'/c^2}{\sqrt{1-\beta^2}}, \quad p_y = p_{y'}, \quad p_z = p_{z'},$$

$$\frac{E}{c^2} = \frac{E'/c^2 + Vp_{x'}/c^2}{\sqrt{1-\beta^2}}. \tag{24.12-2}$$

これと Lorentz 変換とを比べると, $(p_x, p_y, p_z, E/c^2)$ は (x, y, z, t) と同じように変換することがわかる. それゆえ,

$$\left(p_x, p_y, p_z, \frac{iE}{c}\right)$$

は融け合って 4 次元ベクトルをつくる. これを **4 元運動量** (four momentum) または**運動量-エネルギー 4 元ベクトル** (momentum-energy four vector) とよぶ. 非相対論的力学で運動量とエネルギーとは別のものであったのに対して, 相対論的力学では 1 つの 4 元ベクトルのある方向の成分が運動量であり, ある方向の成分がエネルギー (エネルギーに i/c を掛けたもの) であることになる. それゆえ, 1 つの慣性系 S′ で運動量が 0 でエネルギー E' が 0 でない $(0, 0, 0, E'/c^2)$ という状態を S 系からみると

$$\left(\frac{VE'/c^2}{\sqrt{1-\beta^2}}, 0, 0, \frac{E'/c^2}{\sqrt{1-\beta^2}}\right)$$

となり，x 方向の運動量が 0 でない状態 $p_x = \dfrac{VE'/c^2}{\sqrt{1-\beta^2}}$ となる.

不変量の形で書けば

$$\frac{E^2}{c^2} - p_x{}^2 - p_y{}^2 - p_z{}^2 = \frac{E'^2}{c^2} - p_{x'}{}^2 - p_{y'}{}^2 - p_{z'}{}^2$$

$$(24.\,12\text{-}3)$$

となる.

S′ として質点とともに動く慣性系をとれば

$$p_{x'} = 0, \qquad p_{y'} = 0, \qquad p_{z'} = 0, \qquad E' = m_0 c^2$$

である. したがって S に対する量 p_x, p_y, p_z, E については

$$\frac{E^2}{c^2} - p_x{}^2 - p_y{}^2 - p_z{}^2 = m_0{}^2 c^2.$$

または $p_x{}^2 + p_y{}^2 + p_z{}^2 = p^2$ を考えて，

$$E = c(m_0{}^2 c^2 + p^2)^{1/2}. \qquad (24.\,12\text{-}4)$$

非相対論的力学では運動量保存の法則とエネルギー保存の法則とは独立のものであったが，相対論的力学では x, y, z 方向の運動量保存の法則と同様なものを第 4 の方向について述べたものがエネルギー保存の法則であることになる. "4 元運動量が保存される" といえば両方の名前の法則がこれに含まれることになる.

§24. 13　運動方程式の Lorentz 不変な形

運動方程式は (24. 11-1) の式

$$\frac{d\boldsymbol{p}}{dt} = \boldsymbol{F}, \qquad \boldsymbol{p} = \frac{m_0 \boldsymbol{u}}{\sqrt{1 - \dfrac{u^2}{c^2}}} \qquad (24.\,13\text{-}1)$$

であたえられる. §24. 12 で 4 元ベクトル $(p_x, p_y, p_z, iE/c)$ が得られたが，4 元ベクトルを考える Minkowski 世界でのベクトルの形で (24. 13-1) を表わしておこう. そのようにすることによって，どの慣性系を使っているかにはよらない運動方程式が得られるからである. 2 つの慣性系 S, S′ の関係は 24. 1-1 図で示されているようなものとする.

(24.13-1) の左辺は分母に dt があるから，4元ベクトルの成分を形成しては
いない．これを

$$\frac{d\boldsymbol{p}}{d\tau} = \boldsymbol{F}\frac{dt}{d\tau}$$

とすれば，4元ベクトルの成分となる．(24.9-3) により

$$\frac{dt}{d\tau} = \frac{1}{\sqrt{1 - \dfrac{u^2}{c^2}}}$$

であるから

$$\frac{d\boldsymbol{p}}{d\tau} = \frac{\boldsymbol{F}}{\sqrt{1 - \dfrac{u^2}{c^2}}}. \tag{24.13-2}$$

運動量 $\boldsymbol{p}$ とともに4元ベクトルをつくる第4の成分 $i(E/c)$ を τ で微分した
ものを求めよう．

(24.11-3)，(24.11-4) から

$$\frac{dE}{dt} = \boldsymbol{F}\cdot\boldsymbol{u}.$$

これから

$$\frac{d}{d\tau}\left(\frac{iE}{c}\right) = \frac{i(\boldsymbol{F}\cdot\boldsymbol{u})}{c\sqrt{1 - \dfrac{u^2}{c^2}}} \tag{24.13-3}$$

となる．(24.13-2)，(24.13-3) の左辺は4元ベクトルをつくっているから，右
辺の

$$\boldsymbol{F}_{\mathrm{M}}\left(\frac{F_x}{\sqrt{1 - \dfrac{u^2}{c^2}}},\ \frac{F_y}{\sqrt{1 - \dfrac{u^2}{c^2}}},\ \frac{F_z}{\sqrt{1 - \dfrac{u^2}{c^2}}},\ \frac{i(\boldsymbol{F}\cdot\boldsymbol{u})}{c\sqrt{1 - \dfrac{u^2}{c^2}}}\right)$$

も4元ベクトルである．これを Minkowski の力とよぶ．ある瞬間の質点の速
度に一致する速度で運動する"慣性系"（質点が加速度を持っているときは，こ
の慣性系は各瞬間ちがうものである）をとれば $u = 0$ となるから，$\boldsymbol{F}_{\mathrm{M}} = (F_x, F_y, F_z, 0)$ となる．4元運動量を

$$\boldsymbol{p}\left(p_x,\ p_y,\ p_z,\ \frac{iE}{c}\right)$$

で表わし,

$$F_{M1} = \frac{F_x}{\sqrt{1 - \dfrac{u^2}{c^2}}}, \quad F_{M2} = \frac{F_y}{\sqrt{1 - \dfrac{u^2}{c^2}}},$$

$$F_{M3} = \frac{F_z}{\sqrt{1 - \dfrac{u^2}{c^2}}}, \quad F_{M4} = \frac{i(\boldsymbol{F}\cdot\boldsymbol{u})}{c\sqrt{1 - \dfrac{u^2}{c^2}}} \quad\quad\quad (24.13\text{-}4)$$

とし

$$p_1 = p_x, \quad p_2 = p_y, \quad p_3 = p_z, \quad p_4 = \frac{iE}{c} \quad\quad (24.13\text{-}5)$$

とすれば, (24.13-2), (24.13-3) をまとめて,

$$\frac{dp_i}{d\tau} = F_{Mi} \quad (i = 1, 2, 3, 4) \quad\quad\quad (24.13\text{-}6)$$

とすることができる. あるいはベクトル (4元の) の記号を使えば

$$\frac{d\boldsymbol{p}}{d\tau} = \boldsymbol{F}_M \quad\quad\quad\quad (24.13\text{-}7)$$

となる. (24.13-7) が現在私たちがどの慣性系を使っているかにはよらない式
で, (24.13-7) を考える空間は Minkowski の 4 次元空間である. すなわち,
(24.13-7) は考えている質点の Minkowski 空間内の世界線をきめる方程式で
ある.[1]

§24.14　双曲線運動

　質点 (静止質量 $= m_0$) に一定の力が働く場合を考えよう. 一様な重力場と
考えれば質点の任意の瞬間の運動に一致する運動を行なう慣性系を考えると,
質点に働く力は鉛直下方に $m_0 g$ であることがわかる. ここでは質点が鉛直線
にそって運動する場合で, しかも最初, 速度が0であるものとしよう. 鉛直下
方に y 軸をとる. (24.11-1) を使えば, (24.13-5) の $i = 2$ に対する式は

---

1)　非相対論的力学では, ベクトルで表わした運動方程式は

$$\frac{d\boldsymbol{p}}{dt} = \boldsymbol{F} \quad (\boldsymbol{p} : 3 次元運動量ベクトル, \ \boldsymbol{F} : 力)$$

で (24.13-7) はこれに対応するものである.

$$\frac{d}{dt}\left(\frac{m_0 u}{\sqrt{1 - \dfrac{u^2}{c^2}}}\right) = m_0 g, \quad u = \frac{dy}{dt} \tag{24.14-1}$$

となる. $t = 0$ で $u = 0$ の初期条件でこれを解けば

$$\frac{u}{\sqrt{1 - \dfrac{u^2}{c^2}}} = gt.$$

これから

$$u = \frac{gt}{\sqrt{1 + \dfrac{g^2 t^2}{c^2}}}. \tag{24.14-2}$$

$u = dy/dt$ であるから, 上の式をさらに t で積分し, 初期条件を $t = 0$ で $y = 0$ とすれば

$$y = \frac{c^2}{g}\left(\sqrt{1 + \frac{g^2 t^2}{c^2}} - 1\right). \tag{24.14-3}$$

変形すれば

$$\left(y + \frac{c^2}{g}\right)^2 - c^2 t^2 = \frac{c^4}{g^2},$$

または

$$\frac{\left(x + \dfrac{c^2}{g}\right)^2}{\dfrac{c^4}{g^2}} - \frac{(ct)^2}{\dfrac{c^4}{g^2}} = 1 \tag{24.14-4}$$

となり, x と ct との関係を表わす曲線は双曲線であることがわかる. それでいま考えた運動は**双曲線運動** (hyperbolic motion) の名がある.

(24.14-2) で $(gt)^2 \ll c^2$ である間は平方根を展開して

$$y = \frac{1}{2} g t^2$$

が得られるが, これは非相対論の力学と一致する.

(24.14-2) から

$$\frac{u}{c} = \frac{\dfrac{gt}{c}}{\sqrt{1 + \left(\dfrac{gt}{c}\right)^2}} < 1$$

である. すなわち, u は光速 c を超えることはできない.

§24.15 エネルギーと質量（I）

器の中に互いに作用がない多くの質点が入っているとする.[1] 器もこの質点系の一部とみなす. k 番目の質点の運動量, エネルギーを S 系に対して $p_x{}^{(k)}$, $p_y{}^{(k)}, p_z{}^{(k)}, E^{(k)}$ とする.

$$p_x = \sum_k p_x{}^{(k)}, \qquad p_y = \sum_k p_y{}^{(k)}, \qquad p_z = \sum_k p_z{}^{(k)}, \qquad E = \sum_k E^{(k)}$$

$$(24.15\text{-}1)$$

を考えよう. $p_x{}^{(k)}, p_y{}^{(k)}, p_z{}^{(k)}, iE^{(k)}/c$ は 4 次元ベクトルをつくるから p_x, p_y, p_z, iE/c も 4 次元ベクトル（4 元運動量）をつくる. S′ 系に対しては

$$p_x = \frac{p_{x'} + VE'/c^2}{\sqrt{1 - \beta^2}}, \qquad p_y = p_{y'}, \qquad p_z = p_{z'}, \qquad \frac{E}{c^2} = \frac{E'/c^2 + Vp_{x'}/c^2}{\sqrt{1 - \beta^2}}$$

$$(24.15\text{-}2)$$

となる. S′ 系として

$$p_{x'} = 0, \qquad p_{y'} = 0, \qquad p_{z'} = 0$$

になるようなものをとる. S′ をこの質点系に対する重心系という. S に対する S′ の速度を V とする. そうすると（24.15-2）は

$$p_x = \frac{VE'/c^2}{\sqrt{1 - \beta^2}}, \qquad p_y = 0, \qquad p_z = 0, \qquad \frac{E}{c^2} = \frac{E'/c^2}{\sqrt{1 - \beta^2}}$$

$$(24.15\text{-}3)$$

となる.

この体系の全質量 M は 1 つの質点の場合と同様に

---

1) たとえば, 器の中に理想気体が入っていると考えるとよい. しかしこれからの議論には器は必要でなく, むしろ器がない方が議論は簡単である. しかし器がないと質点が飛んでいってしまいそうであるから, 一応, 器の中に質点系が入っているものとしよう.

$$\frac{運動量}{体系の速度}$$

で与えられる。したがって

$$M = \frac{p_x}{V} = \frac{E'/c^2}{\sqrt{1-\beta^2}} = \frac{E}{c^2}. \tag{24.15-4}$$

この最後の等式は (24.15-3) の最後の式を使っている。

S′ 自身から観測する質量を M_0 とすれば，上の式で $\beta = 0$ とおいて

$$M_0 = \frac{E'}{c^2}. \tag{24.15-5}$$

$V \neq 0$ のときは (24.15-4) をもう1度使って

$$M = \frac{M_0}{\sqrt{1-\beta^2}} \tag{24.15-6}$$

となり，1つの質点の場合と同じ式が得られる。

さて，(24.15-5) の E' は (24.15-1) の最後の式によって，

$$E' = \sum E^{(k)'}$$

であるが，これは (24.11-7) によって

$$E' = \sum E^{(k)'} = \sum \{E_0^{(k)} + T^{(k)'}\}$$
$$= \sum m_0^{(k)} c^2 + \sum T^{(k)'} = (\sum m_0^{(k)}) c^2 + \sum T^{(k)'}.$$

それゆえ

$$E' = (\sum m_0^{(k)}) c^2 + \sum T^{(k)'}$$

となる。したがって

$$M_0 = (\sum m_0^{(k)}) + \frac{\sum T^{(k)'}}{c^2} \tag{24.15-7}$$

である。ここでS′はそれに対して運動量の和が0であるが，これを改めてS
と考え，上の式で ′ をとって書けば

$$M_0 = \sum m_0^{(k)} + \frac{\sum T^{(k)}}{c^2} \tag{24.15-8}$$

となる。相互作用のない質点系の質量は，質点の静止質量の和と，運動エネル
ギーを c^2 で割ったものに等しい。つまり，質点系の内部運動のエネルギーが
あると全体系の慣性質量が増加することになる。

§24.16 エネルギーと質量（Ⅱ）

相互作用のない質点から成り立つ系 Σ_1 と，相互作用のある質点から成り立つ系 Σ_2 があるとする（24.16-1 図）．たとえば室の中に器に入った理想気体（Σ_1）とコップに入った水（Σ_2）があるとする．両方は共通の重心系 S′ を持つものとする．これは理想気体と水とが全体として室の中で静止していることにあたる．

Σ_1 と Σ_2 とは相互作用があり（温度の高い理想気体と水を入れたコップとが接触すると考えればよい），Σ_1 がエネルギー ε を失うものとしよう．この現象を S からみる．S′ は S に対して速度 V で運動しているものとする．そうすると Σ_1 の p_x, p_y, p_z, E は（24.15-2）により

$$\Delta p_x = -\frac{V\varepsilon/c^2}{\sqrt{1-\beta^2}}, \quad \Delta p_y = 0, \quad \Delta p_z = 0, \quad \Delta E = \frac{-\varepsilon}{\sqrt{1-\beta^2}}$$

$$(24.16\text{-}1)$$

だけ変化する．

いま Σ_1 と Σ_2 とについて，4元運動量が保存されるものと仮定しよう．これは新しい仮定であるが，私たちは Newton 力学から相対論力学に領域を広げているのであるから，どうしてもこのような新しい仮定が必要である．それが正しいか正しくないかは，物理学の他の理論と同様に，これをもとにして引き出される結果が実験と合うかどうかによってきまる．いま考えている仮定はその意味で実験的の支持を得ているものである．そうすると，Σ_2 の4元運動量の

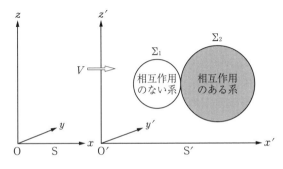

24.16-1 図

各成分の変化はSからみて，

$$\Delta p_x = \frac{V\varepsilon/c^2}{\sqrt{1-\beta^2}}, \quad \Delta p_y = 0, \quad \Delta p_z = 0, \quad \Delta E = \frac{\varepsilon}{\sqrt{1-\beta^2}}$$

$$(24.16\text{-}2)$$

でなければならない．したがって Δp_x を V で割ったものだけ Σ_2 の質量が増加したことになる．すなわち

$$\Delta M = \frac{\varepsilon/c^2}{\sqrt{1-\beta^2}}.$$

ε は S′ からみての Σ_2 のエネルギーの増加であるが，これを S からみたエネルギーの増加で表わすには（24.16-2）の最後の式を使う．

$$\Delta M = \frac{\Delta E}{c^2} \qquad (24.16\text{-}3)$$

が得られる．Σ_2 は質点間に相互作用のある任意の体系で（24.16-3）は任意の慣性系Sからの観測に対して成り立つ一般の式である．それゆえ

質点系のエネルギーが ΔE だけ増すときには，その慣性質量は $\Delta E/c^2$ だけ増加する

ということができる．

　たとえば，机の上においてあるコップの中の水の温度を高めるとそのエネルギーが増すから，慣性質量は増す．通常これが認められないのは $\Delta E/c^2$ が非常に小さいためにすぎない．

例題　1 kg の水を 0℃ から 100℃ まで温めるとき，その質量はどれだけ増すか．

解　水 1 kg の熱容量は 4.2×10^3 J/K．したがって 1 kg の水を 0℃ から 100℃ まで温めるときのエネルギーの増加は 4.2×10^5 J．質量の増加は $4.2 \times 10^5/(3 \times 10^8)^2 = 4.7 \times 10^{-12}$ kg．　◆

§24. 17 **物質の消滅**[1]

前２つの節で静止質量を持つ質点から成り立つ体系のエネルギーと質量の関係を導いた．この節では静止質量が消滅してしまうときのエネルギーとの関係を求めよう．

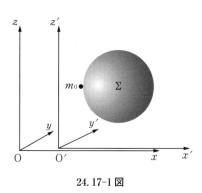

24.17-1 図のようにS'を重心系とする質点系ΣとS'に対して静止する１つの質点（静止質量 $= m_0$）があるとする．この質点の静止質量 m_0 が消滅してΣにエネルギー E_0 を与えたとする．m_0 の運動量は消滅前も消滅後も０で同じであるから，Σの運動量はm_0の消滅後もS'に対して０である．これをSからみよう．

24. 17-1 図

m_0 の消滅前はその運動量が

$$\frac{m_0}{\sqrt{1-\beta^2}}V, \quad \beta = \frac{V}{c}$$

で消滅後は０となる．ΣがS'に対してエネルギーをE_0だけ増したとすれば (24.15-2) の第１の式により運動量はSに対して $\dfrac{VE_0/c^2}{\sqrt{1-\beta^2}}$ だけ増す．したがってSに対する運動量保存の法則から

$$\frac{m_0 V}{\sqrt{1-\beta^2}} = \frac{VE_0/c^2}{\sqrt{1-\beta^2}}.$$

$$\therefore \ E_0 = m_0 c^2 \tag{24.17-1}$$

が得られる．たとえば，$m_0 = 1\,\mathrm{g}$ とすれば $E_0 = 10^{-3}\,\mathrm{kg} \times (3 \times 10^8\,\mathrm{m/s})^2 = 9 \times 10^{13}\,\mathrm{J} = 5.6 \times 10^{26}\,\mathrm{MeV}$.

---

1) annihilation of matter.

§24.18　特殊相対性理論の実験的証拠

特殊相対性理論の実験的証拠をあげておこう.

(1) Michelson-Morley の実験

Michelson (1881),[1] つづいて Michelson と Morley (1887)[2] は, 地球の太陽のまわりの公転にもとづく地球のエーテルに対する運動を検出するため 24.18-1 図のような実験を行なった. 光源 S から出た光はガラス板 P で 2 つに分かれ, 一方の光線は PM_1P, 他方は PM_2P のように進んで望遠鏡 T に入る.

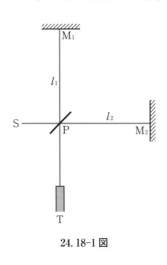

24.18-1 図

もしこの 2 つの道筋で光の伝わる速度が地球の運動によってちがうとすれば, 装置全体を 90°回すとその影響が現われるはずである. それは望遠鏡 T 内の干渉縞の移動となって現われる. Michelson と Morley はこの干渉縞の移動が実験誤差以内であることを確かめた. すなわち, 光の速度はどの方向に光を送ってそれを送り返させても等しい値を持つことを確かめた. この実験では, P に時計をおいたとすれば PM_1P の道を行く光も, PM_2P の道を行く光も "同時"に P に帰るのであるが, 時計は 1 つしか使っていないことに注意せよ.

例題　実験室が静止空間 (エーテル (ether) という名がつけられていた) に対して SPM_2 の方向に V の速度で運動しているとし, 光はこの静止空間に対して c の速度で伝わるとし, また Galilei 変換が適用されるとする. 装置を 90°回すと干渉縞は

1)　Albert Abraham Michelson (1852～1931). アメリカの物理学者.
2)　Michelson-Morley の実験と相対性理論との関係は, 物理学史研究刊行会編:「相対論」(東海大学出版会, 1971) (解説:広重徹), また, 広重徹:日本物理学会誌 vol. 26, No. 6 (1971) 380 ページにくわしい.

$$\frac{l_1 + l_2}{\lambda}\left(\frac{V}{c}\right)^2, \quad \lambda : 波長$$

だけずれることを示せ.

(2) 質量と速度の関係

式 (24.10-3)

$$m = \frac{m_0}{\sqrt{1 - \beta^2}}$$

を確かめることは，相対性理論による Lorentz 変換を確かめると同時に，運動量保存の法則の検証にもなる．この式によると β と m/m_0 の関係は表のようになる．

$\beta = v/c$	m/m_0	$\beta = v/c$	m/m_0
0.10	1.005	0.90	2.294
0.20	1.021	0.94	2.931
0.40	1.091	0.98	5.025
0.60	1.250	0.99	7.09
0.80	1.667	0.995	10.01

1909 年に Bucherer は β 線についてその粒子の e/m を速度の関数として実験的に求め，この式の正しいことを示した．その後 1915 年に Guye と Lavanchy により，また 1938 年には Zahn と Spees によってというぐあいに，いろいろな人によって確かめられた．

(3) β 線が静止している電子に当たる場合

まず Newton 力学によって考えよう．β 線粒子が速度 u_0, $\boldsymbol{p}_0$ の運動量で飛んできて，衝突後 $\boldsymbol{p}_1$ になったとし，静止していた電子は衝突を受けて $\boldsymbol{p}_2$ の運動量で動くとする．

運動量の保存則により：$\boldsymbol{p}_0 = \boldsymbol{p}_1 + \boldsymbol{p}_2$.

エネルギー保存則により：$|\boldsymbol{p}_0|^2 = |\boldsymbol{p}_1|^2 + |\boldsymbol{p}_2|^2$.

したがってピタゴラスの定理により

$$\boldsymbol{p}_1 \perp \boldsymbol{p}_2.$$

相対論によると，24.18-2 図のように角をとると

24.18-2 図

$$\tan\theta \tan\phi = \frac{2}{\sqrt{1 - u_0{}^2/c^2} + 1}$$

となる．したがって

$$\tan\theta \tan\phi \neq 1$$

でなければならない．このことは実際 Champion によって 1932 年に確かめられた．

（4）質量とエネルギーの関係

エネルギーの増加にともなう質量の増加を与える Einstein の関係 (24.16-3) については，通常の力学現象，熱現象，化学変化によるエネルギーの増加から計算した質量の増加が微小であったため長く直接実証されなかった．原子核反応が研究されてから，これが実際に確かめられた．その 1 つの例として

$$_3^7\mathrm{Li} + {}_1^1\mathrm{H} = {}_2^4\mathrm{He} + {}_2^4\mathrm{He}$$

を考えよう．

$_3^7\mathrm{Li}$ の質量は 7.0166 質量単位（1 質量単位 $= 1.6604 \times 10^{-27}$ kg）

$_1^1\mathrm{H}$ の質量は 1.0076 質量単位

$_2^4\mathrm{He}$ の質量は 4.0028 質量単位

であるから上の反応によって

$$7.0166 + 1.0076 - 4.0028 \times 2 = 0.0186 \text{ 質量単位}$$

だけ質量が減っている．したがってこれに相当するエネルギーが外に出たことになる．

$$0.0186 \times (1.6604 \times 10^{-27}) \times (3 \times 10^8)^2 = 2.77 \times 10^{-12} \text{ J.}$$

これを実験と比べるのには反応の際，粒子の得る運動エネルギーの増加をみればよい．これは実験によれば 2.76×10^{-12} J となっているから Einstein の関係

(24.16-3) は確かめられたことになる.

(5) 質量の消滅

質量が消滅する場合の Einstein の式 (24.17-1) の直接実験的証明は, 陰電子と陽電子とが出会って消滅して γ 線になる現象で確かめられる. 電子の質量を m_0 とすれば, これら 2 つの電子が消滅するときは

$$2m_0 c^2$$

のエネルギーの γ 線が発生するはずである.

$$m_0 = 9.1091 \times 10^{-31}\,\text{kg}, \qquad c = 2.997925 \times 10^8\,\text{m/s}$$

を使うと

$$2m_0 c^2 = 1.64 \times 10^{-13}\,\text{J}$$

となる. これを電子ボルトで書くと

$$1\,\text{eV} = 1.60210 \times 10^{-19}\,\text{J}$$

であるから

$$2m_0 c^2 = 1.02 \times 10^6\,\text{eV} = 1.02\,\text{MeV}$$

となる. このことも実験で正確に確かめられている.

§24.19　Lagrangian と Hamiltonian

特殊相対性理論で Lagrangian と Hamiltonian がどういう形になるかを調べておこう. ポテンシャル U を持つ場合を考える.

直交座標 x, y, z を一般座標とすれば, Lagrange の運動方程式は

$$\frac{d}{dt}\left(\frac{\partial L}{\partial \dot{x}}\right) = \frac{\partial L}{\partial x} \tag{24.19-1}$$

で, これが (24.11-1) の x 成分になるはずである.

$$\begin{aligned} L &= m_0 c^2 \left\{ 1 - \sqrt{1 - \left(\frac{u}{c}\right)^2} \right\} - U(x, y, z) \\ &= m_0 c^2 \left(1 - \sqrt{1 - \frac{\dot{x}^2 + \dot{y}^2 + \dot{z}^2}{c^2}} \right) - U(x, y, z) \end{aligned} \tag{24.19-2}$$

とおこう.

$$p_x = \frac{\partial L}{\partial \dot{x}} = \frac{m_0 u_x}{\sqrt{1 - \dfrac{u^2}{c^2}}} = mu_x \qquad (24.19\text{-}3)$$

となるので，（24.19-1）は確かに

$$\frac{d}{dt}(mu_x) = -\frac{\partial U}{\partial x} = X$$

となり，相対論の運動方程式となる.

　非相対論的力学の場合とちがって，L は運動エネルギーと位置エネルギーとの差ではない．運動エネルギーは（24.11-7）によって

$$T = m_0 c^2 \left(\frac{1}{\sqrt{1 - \dfrac{u^2}{c^2}}} - 1 \right) \qquad (24.19\text{-}4)$$

である.

　Lagrangian L から Hamiltonian H も導くことができる.

$$H = (p_x \dot{x} + p_y \dot{y} + p_z \dot{z}) - L \qquad (24.19\text{-}5)$$

であり，（24.19-3）を使えば

$$H = \frac{m_0 c^2}{\sqrt{1 - \dfrac{u^2}{c^2}}} - m_0 c^2 + U = mc^2 - m_0 c^2 + U.$$

　（24.11-7）により運動エネルギー T は

$$T = (m - m_0)c^2$$

で与えられるから，

$$H = T + U \qquad (24.19\text{-}6)$$

となる.

第24章　問題

1　固有の長さ l_0 の列車が，固有の長さ l_0 の橋を渡る．橋に立っている人から観測した列車の長さ，列車に固定している観測者の測る橋の長さを求めよ.

2　地球のそばを通り過ぎる宇宙船に乗っている観測者がいる．その観測者は地球から 200 光年離れている天体に生涯の間に到着することができるだろうか.

3　光線が慣性系 S 系からみて

$$\psi = a \cos 2\pi\nu\left(t - \frac{x\cos\alpha + y\sin\alpha}{c}\right),$$

ν：振動数，c：光の速度，α：波動伝播方向と x 軸の角

で与えられる．この S 系に対して速度 V で x 軸の方に運動する S′ からみるとどうなるか．

4 慣性系 S の x 軸方向に V の速度で運動する原子から発した光（原子からみて ν_0 の振動数）を S から観測すると x 軸と α の角をつくって伝播している．S に静止している観測者からみたこの光の振動数はどれだけか．

5 問題 4 で $\alpha = \pi/2$ の場合は **Doppler の横効果**，$\alpha = 0$ の場合は **縦効果** とよばれる．観測される振動数を求めよ．

6 恒星に固定された慣性系を S，地面に固定された慣性系を S′ とする．地球の恒星に対する運動の方向に対して恒星が θ の方向にあるとき，恒星からの光による見かけの方向 θ' は

$$\tan\theta' = \frac{\sqrt{1-\beta^2}\,\sin\theta}{\cos\theta + \beta}, \quad \beta = \frac{V}{c}$$

で与えられることを示せ（相対論的光行差）．

7 問題 3, 4, 5, 6 で，もし Galilei 変換を使うとどうなるか．

8 運動する棒の長さは，その一方の端が定点 O（S 系の）を通る時刻と，他端が同じ点を通る時刻の差に棒の速度を乗じても得られるであろう．これから Lorentz 収縮の式を導け．

9 2 つの点 A, B が実験室からみて x 軸の方向に $u, -u$ の速度で運動している．A に相対的な B の速度はどれだけか．

10 実験室で粒子が誕生して，時間 t の間に L だけの距離飛んで消滅した．この粒子の固有寿命はどれだけか，静止質量は不変とする．

11 静止質量 m_0 の 2 粒子が一直線上で運動している．これらの粒子は 1 つの慣性系 S に対して $u, -u$ の速度を持っている．これらが衝突するものとする．

 (i) 全体系の運動量とエネルギーはどれだけか．

 (ii) 衝突後の各粒子の速度はどれだけか，静止質量は不変とする．

12 1 つの粒子の運動量は p，運動エネルギーは T，静止質量は m_0 である．

$$\frac{p\beta c}{T} = \frac{\dfrac{T}{m_0 c^2} + 2}{\dfrac{T}{m_0 c^2} + 1}, \quad \beta = \frac{v}{c}$$

を証明せよ．

問題解答指針

───── 第 14 章 ─────

1 円輪の半径を a, 糸が水平とつくる角を θ とする. 高さは円輪の中心 O から測る. 環の重さを P, Q とする.
$$U = Pa\cos(\alpha + \theta) + Qa\cos(\alpha - \theta).$$
$\delta U = 0$ から
$$\tan\theta = \frac{Q - P}{P + Q}\tan\alpha.$$
(P, Q の重心 G は O の真上にある. 仮想変位に対し高さが変わらない.)

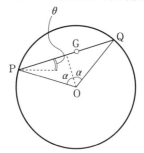

2 質点の位置を (x, y, z), 力の中心の座標を $(x_1, y_1, z_1), (x_2, y_2, z_2), \cdots$ とする.
$$r_1{}^2 = (x_1 - x)^2 + (y_1 - y)^2 + (z_1 - z)^2,$$
$$r_2{}^2 = (x_2 - x)^2 + (y_2 - y)^2 + (z_2 - z)^2,$$
$$\cdots\cdots$$
とすれば
$$U = \frac{1}{2}\mu_1 r_1{}^2 + \frac{1}{2}\mu_2 r_2{}^2 + \cdots.$$
つり合いの条件は
$$\frac{\partial U}{\partial x} = 0, \quad \frac{\partial U}{\partial y} = 0, \quad \frac{\partial U}{\partial z} = 0, \quad \frac{\partial U}{\partial x} = \mu_1 r_1\frac{\partial r_1}{\partial x} + \mu_2 r_2\frac{\partial r_2}{\partial x} + \cdots.$$
また, $r_1\dfrac{\partial r_1}{\partial x} = x - x_1, \cdots$ であるから,

$$\frac{\partial U}{\partial x} = \mu_1(x - x_1) + \mu_2(x - x_2) + \cdots = 0,$$

$$\frac{\partial U}{\partial y} = \mu_1(y - y_1) + \mu_2(y - y_2) + \cdots = 0,$$

$$\frac{\partial U}{\partial z} = \mu_1(z - z_1) + \mu_2(z - z_2) + \cdots = 0.$$

$$\therefore \ x = \frac{\mu_1 x_1 + \mu_2 x_2 + \cdots}{\mu_1 + \mu_2 + \cdots}, \quad y = \frac{\mu_1 y_1 + \mu_2 y_2 + \cdots}{\mu_1 + \mu_2 + \cdots}, \quad z = \frac{\mu_1 z_1 + \mu_2 z_2 + \cdots}{\mu_1 + \mu_2 + \cdots}.$$

これはちょうど $O_1, O_2, \cdots$ に質量 $\mu_1, \mu_2, \cdots$ の質点があるとしたときの重心の位置にあたっている.

3 釘に対する B の高さ, $y = \left(l - \dfrac{c}{\sin\theta}\right)\cos\theta = l\cos\theta - c\cot\theta.$ $\delta y = 0$ から $\theta = \sin^{-1}\left(\dfrac{c}{l}\right)^{1/3}.$

4 棒 BF, CE を取り除いて, その代りに圧力 S_1, S_2 を図のように B, F；C, E に作用させ, A でつるされた 6 角形の棒のつり合いの問題と考える. AB, AF が $\delta\theta$ だけ回

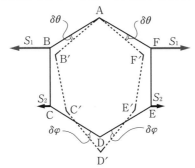

り, CD, ED が $\delta\varphi$ だけ回るような微小仮想変位を考える. AB の中点の鉛直方向の移動は

$$a\cos\left(\frac{\pi}{3} - \delta\theta\right) - a\cos\frac{\pi}{3} = \frac{\sqrt{3}}{2}a\,\delta\theta.$$

B の鉛直方向の変位は

$$\sqrt{3}\,a\,\delta\theta.$$

BC の中点の鉛直方向の変位は, B の変位と等しく

$$\sqrt{3}\,a\,\delta\theta.$$

CD の中点の鉛直方向の変位は

$$\sqrt{3}\,a\,\delta\theta + \frac{\sqrt{3}}{2}a\,\delta\varphi.$$

B の水平方向の変位 $a\,\delta\theta$, C の水平方向の変位 $a\,\delta\varphi$. 仮想変位の原理により,

$$2\left\{\frac{\sqrt{3}}{2}aW\,\delta\theta + \sqrt{3}\,aW\,\delta\theta + \left(\sqrt{3}\,aW\,\delta\theta + \frac{\sqrt{3}}{2}aW\,\delta\varphi\right)\right\}$$
$$- 2(S_1 a\,\delta\theta + S_2 a\,\delta\varphi) = 0.$$

つり合うためには $\delta\theta, \delta\varphi$ が小さい範囲であれば，その値に関係なくこの式が成り立たなければならないから，

$$S_1 = \frac{5}{2}\sqrt{3}\,W, \quad S_2 = \frac{\sqrt{3}}{2}\,W. \quad \therefore\ S_1 : S_2 = 5 : 1.$$

5 棒の長さを $2a$ とすれば重心 G の高さは $z = a\sin(2\alpha - \theta)$.

$$\frac{dz}{d\theta} = -a\cos(2\alpha - \theta) = 0, \quad \frac{d^2z}{d\theta^2} = -a\sin(2\alpha - \theta).$$

〔答〕 $\theta = 2\alpha - \dfrac{\pi}{2}$，不安定なつり合い.

6 上の球が回転して，中心線 OC が θ だけ回った場合を考える. 重心を G とし，CG の OC に対する角を φ とすれば

$$R\theta = r\varphi. \tag{1}$$

重心の高さを O から測れば

$$z = (R + r)\cos\theta - (r - h)\cos(\theta + \varphi). \tag{2}$$

(1) から φ を θ で表わして，(2) に代入.

$$z = (R + r)\cos\theta - (r - h)\cos\left(\frac{R}{r} + 1\right)\theta.$$

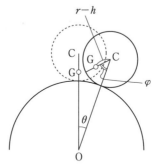

z を θ の関数として，$\theta = 0$ が z の max か min にあたっているかを調べればよい.

$$\frac{1}{h} > \frac{1}{r} + \frac{1}{R} \quad \text{ならば} \quad \left(\frac{d^2z}{d\theta^2}\right)_{\theta=0} > 0. \quad \therefore\ \text{安定.}$$

$$\frac{1}{h} < \frac{1}{r} + \frac{1}{R} \quad \text{ならば} \quad \left(\frac{d^2z}{d\theta^2}\right)_{\theta=0} < 0. \quad \therefore\ \text{不安定.}$$

$$\frac{1}{h} = \frac{1}{r} + \frac{1}{R} \quad \text{ならば} \quad \left(\frac{d^2z}{d\theta^2}\right)_{\theta=0} = 0.$$

このときは $\dfrac{d^4z}{d\theta^4} = (R+r)\cos\theta - (r-h)\Big(\dfrac{R}{r}+1\Big)^4 \cos\Big(\dfrac{R}{r}+1\Big)\theta$ を使って

$\Big(\dfrac{d^4z}{d\theta^4}\Big)_{\theta=0} < 0$ で極大値．したがって不安定である．

─── **第15章** ───────────────────────────

1 面積は

$$S = 2\pi \int_a^b y\, ds = 2\pi \int_a^b y\sqrt{1+y'^2}\, dx.$$

$$y = A\cosh\dfrac{x-B}{A} \qquad (懸垂線\ (\text{catenary})).$$

2
$$ds = a\{(d\theta)^2 + \sin^2\theta\,(d\varphi)^2\}^{1/2}.$$

$$\therefore\ s = a\int\sqrt{\theta'^2 + \sin^2\theta}\, d\varphi.$$

曲線は原点を通る平面内にある．

3
$$\int_a^b (y+\lambda)\sqrt{1+y'^2}\, dx = 極小$$

の問題になる．やはり懸垂線である．

─── **第16章** ───────────────────────────

1 運動の第2法則の式をそのまま立てる．質点に働く力は重力 mg と糸の張力 S.
この2つの力によって質点は水平に加速度 α を持つのであるから，

$$ma = S\sin\theta. \tag{1}$$
$$0 = S\cos\theta - mg. \tag{2}$$

$(1), (2)$ から

$$\tan\theta = \dfrac{\alpha}{g}, \qquad S = m\sqrt{g^2 + \alpha^2}.$$

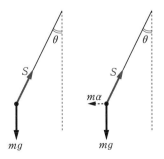

D'Alembert の原理によれば，実際の力 S, mg の他に，加速度と逆向きに $m\alpha$ の慣性抵抗を考える．$S, mg, m\alpha$ はつり合いにある力系をつくる．それから $(1), (2)$ と同じ式が得られる．

2　D'Alembert の原理を使うのでなければ，Euler の運動方程式を使う．固定点 O を通って，棒に直角に水平に ξ，鉛直面内で棒に直角に η，棒の方向に ζ 軸をとる．

$$A = B = M\frac{l^2}{3}, \quad C = 0.$$

$$A\frac{d\omega_1}{dt} - (A - C)\omega_2\omega_3 = -Mg\frac{l}{2}\sin\theta,$$

$$A\frac{d\omega_2}{dt} - (C - A)\omega_3\omega_1 = 0,$$

$$C\frac{d\omega_3}{dt} = 0.$$

$\omega_1 = 0, \ \omega_2 = \omega\sin\theta, \ \omega_3 = \omega\cos\theta$ を入れて

$$M\frac{l^2}{3}\omega^2\sin\theta\cos\theta = Mg\frac{l}{2}\sin\theta.$$

$$\therefore \ \omega = \sqrt{\frac{3}{2}\frac{g}{l\cos\theta}}, \quad T = 2\pi\sqrt{\frac{2l\cos\theta}{3g}}.$$

D'Alembert の原理を使うと次のようになる．棒に働いている実際の力は重力 Mg（棒の中心に働く）と固定点での抗力 R とである．その他に，棒の各部分に慣性抵抗であるところの遠心力が働くと考えれば剛体のつり合いの問題となる．O から x と $x + dx$ との間にある部分に働くと考える遠心力は $(x\sin\theta)\,\omega^2\rho\,dx$（$\rho$ は線密度）．O のまわりのモーメントを考えれば

$$\int_0^l x\cos\theta\,(x\sin\theta)\omega^2\rho\,dx - Mg\frac{l}{2}\sin\theta = 0.$$

これからすぐに答が出てくる．

3　(a)　$\delta x_i = a, \ \delta y_i = b, \ \delta z_i = c$ とすれば

$$a\sum_i\left(X_i - m_i\frac{d^2x_i}{dt^2}\right) + b\sum_i\left(Y_i - m_i\frac{d^2y_i}{dt^2}\right) + c\sum_i\left(Z_i - m_i\frac{d^2z_i}{dt^2}\right) = 0.$$

a, b, c はまったく任意であるから,その係数は 0. これから,

$$\sum m_i\frac{d^2x_i}{dt^2} = \sum X_i, \qquad \sum m_i\frac{d^2y_i}{dt^2} = \sum Y_i, \qquad \sum m_i\frac{d^2z_i}{dt^2} = \sum Z_i.$$

(b) $\delta x_i = 0$, $y_i = \rho_i\cos\theta_i$, $z_i = \rho_i\sin\theta_i$(ρ_i は質点 i から x 軸に下した垂線の長さ)から $\delta y_i = -\rho_i\sin\theta_i\,\delta\theta_i = -z_i\,\delta\theta$, $\delta z_i = \rho_i\cos\theta_i\,\delta\theta_i = y_i\,\delta\theta$. したがって

$$\delta\theta\sum_i\left\{-z_i\left(Y_i - m_i\frac{d^2y_i}{dt^2}\right) + y_i\left(Z_i - m_i\frac{d^2z_i}{dt^2}\right)\right\} = 0.$$

$\delta\theta$ は任意であるから,その係数が 0 となる.これから

$$\frac{d}{dt}\sum_i m_i\left(y_i\frac{dz_i}{dt} - z_i\frac{dy_i}{dt}\right) = \sum_i(y_iZ_i - z_iY_i)$$

が得られる.

4 dt 時間に**実際に行なう変位** dx_i, dy_i, dz_i は束縛条件を満足するから,仮想変位としてとることができる.

$\delta x_i = dx_i = u_i dt$, $\delta y_i = dy_i = v_i dt$, $\delta z_i = dz_i = w_i dt$ とおけば

$$\sum\left\{\left(X_i dx_i - m_i\frac{du_i}{dt}u_i dt\right) + \left(Y_i dy_i - m_i\frac{dv_i}{dt}v_i dt\right)\right.$$
$$\left. + \left(Z_i dz_i - m_i\frac{dw_i}{dt}w_i dt\right)\right\} = 0.$$

これから

$$d\sum_i\frac{1}{2}m_i(u_i^2 + v_i^2 + w_i^2) = \sum(X_i dx_i + Y_i dy_i + Z_i dz_i).$$

5 糸にそって x,これに直角な変位を y とする.つり合いのとき長さ dx であった部分は任意の瞬間に長さ $\sqrt{(dx)^2 + (dy)^2} - dx = \left\{1 + \left(\frac{\partial y}{\partial x}\right)^2\right\}^{1/2}dx - dx = \frac{1}{2}\left(\frac{\partial y}{\partial x}\right)^2 dx$

になる.したがって位置エネルギーは $\frac{1}{2}S\left(\frac{\partial y}{\partial x}\right)^2 dx$. 全体系の位置エネルギーは

$$U = \frac{1}{2}S\int_0^l\left(\frac{\partial y}{\partial x}\right)^2 dx.$$

$$\therefore\ \delta U = S\int_0^l\frac{\partial y}{\partial x}\delta\left(\frac{\partial y}{\partial x}\right)dx = S\int_0^l\frac{\partial y}{\partial x}\frac{\partial}{\partial x}(\delta y)dx$$
$$= S\left[\frac{\partial y}{\partial x}\delta y\right]_0^l - S\int_0^l\frac{\partial^2 y}{\partial x^2}\delta y\,dx = -S\int_0^l\frac{\partial^2 y}{\partial x^2}\delta y\,dx.$$

それゆえ,D'Alembert の原理は $\int_0^l\left(\sigma\frac{\partial^2 y}{\partial t^2} - S\frac{\partial^2 y}{\partial x^2}\right)\delta y\,dx = 0$. これから

$$\sigma\frac{\partial^2 y}{\partial t^2} = S\frac{\partial^2 y}{\partial x^2}.$$

—— 第17章 ——

1
$$T = \frac{m}{2}(\dot{r}^2 + r^2\dot{\varphi}^2).$$

$$\therefore \ \delta T = m(\dot{r}\,\delta\dot{r} + r\dot{\varphi}^2\,\delta r + r^2\dot{\varphi}\,\delta\dot{\varphi}) = m\Big\{\dot{r}\frac{d}{dt}(\delta r) + r\dot{\varphi}^2\,\delta r + r^2\dot{\varphi}\frac{d}{dt}(\delta\varphi)\Big\}.$$

また, $\delta'W = F_r\,\delta r + F_\varphi r\,\delta\varphi.$ これらから求める方程式が得られる.

2
$$T = \frac{1}{2}\sigma\int \dot{y}^2\,dx, \qquad L = \frac{1}{2}\int_0^l\Big\{\sigma\Big(\frac{\partial y}{\partial t}\Big)^2 - S\Big(\frac{\partial y}{\partial x}\Big)^2\Big\}dx.$$

$\delta\displaystyle\int_{t_1}^{t_2} L\,dt = 0$ をつくれば $\displaystyle\int_{t_1}^{t_2} dt\int_0^l\Big\{\sigma\frac{\partial y}{\partial t}\frac{\partial}{\partial t}(\delta y) - S\frac{\partial y}{\partial x}(\delta y)\Big\}dx = 0.$ 第1項は t

による積分を最初に, 第2項は x による積分を最初に行なう. 部分積分を行なっ

て, $\displaystyle\int_{t_1}^{t_2}\int_0^l\Big(\sigma\frac{\partial^2 y}{\partial t^2} - S\frac{\partial^2 y}{\partial x^2}\Big)\delta y\,dx\,dt = 0.$ これから

$$\sigma\frac{\partial^2 y}{\partial t^2} = S\frac{\partial^2 y}{\partial x^2}.$$

—— 第18章 ——

1
$$x_1 = A'\cos(\omega't + \alpha') + A''\cos(\omega''t + \alpha'') + A'''\cos(\omega'''t + \alpha'''),$$
$$x_2 = \sqrt{2}\,A'\cos(\omega't + \alpha') \qquad\qquad\ - \sqrt{2}\,A'''\cos(\omega'''t + \alpha'''),$$
$$x_3 = A'\cos(\omega't + \alpha') - A''\cos(\omega''t + \alpha'') + A'''\cos(\omega'''t + \alpha''').$$

$$\omega' = \sqrt{2 - \sqrt{2}}\sqrt{\frac{c}{m}}, \qquad \omega'' = \sqrt{\frac{2c}{m}}, \qquad \omega''' = \sqrt{2 + \sqrt{2}}\sqrt{\frac{c}{m}}.$$

基準振動は図に示す (x 方向の変位をみやすくするため直角に描いてある).

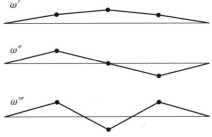

2
$$(m + m')l\ddot{\theta} + m'l'\ddot{\varphi} = -(m + m')g\theta. \tag{1}$$
$$l\ddot{\theta} + l'\ddot{\varphi} = -g\varphi. \tag{2}$$

$\theta = A\cos(\omega t + \alpha),\ \varphi = B\cos(\omega t + \alpha)$ とおく. (1) から

$$(m + m')(\omega^2 l - g)A + m'l'\omega^2 B = 0, \tag{3}$$

(2) から
$$l\omega^2 A + (\omega^2 l' - g)B = 0. \tag{4}$$
(3), (4) から A, B を消去して
$$\begin{vmatrix} (m + m')(\omega^2 l - g) & m'l'\omega^2 \\ l\omega^2 & \omega^2 l' - g \end{vmatrix} = 0.$$

$$\therefore f(\omega^2) \equiv (m + m')(\omega^2 l - g)(\omega^2 l' - g) - m'll'\omega^4 = 0.$$

$$\therefore \omega^2 = \frac{g}{2mll'}\{(m + m')(l + l') \pm \sqrt{(m + m')^2(l + l')^2 - 4m'll'(m + m')}\}. \tag{5}$$

$\pm$ のどちらも正の実根を与える. $\omega_1{}^2, \omega_2{}^2$ とすれば,
$$\left. \begin{aligned} \theta = A_1 \cos(\omega_1 t + \alpha_1), \quad \varphi = B_1 \cos(\omega_1 t + \alpha_1) \\ \text{ただし} \quad \frac{B_1}{A_1} = -\frac{l\omega_1{}^2}{l'\omega_1{}^2 - g} \quad ((3) \text{による}) \end{aligned} \right\} \tag{6}$$
は (1), (2) の解であり, また
$$\left. \begin{aligned} \theta = A_2 \cos(\omega_2 t + \alpha_2), \quad \varphi = B_2 \cos(\omega_2 t + \alpha_2) \\ \text{ただし} \quad \frac{B_2}{A_2} = -\frac{l\omega_2{}^2}{l'\omega_2{}^2 - g} \end{aligned} \right\} \tag{7}$$
も (1), (2) の解である. 一般解は
$$\left. \begin{aligned} \theta = A_1 \cos(\omega_1 t + \alpha_1) + A_2 \cos(\omega_2 t + \alpha_2), \\ \varphi = B_1 \cos(\omega_1 t + \alpha_1) + B_2 \cos(\omega_2 t + \alpha_2). \end{aligned} \right\} \tag{8}$$
(6), (7) は規準振動を与えるものである. $\omega_1 < \omega_2$ とする.
$$f\left(\frac{g}{l}\right) < 0, \quad f\left(\frac{g}{l'}\right) < 0$$
であるから, 図から
$$\omega_1{}^2 < \frac{g}{l}, \quad \omega_2{}^2 > \frac{g}{l'}.$$

$$\therefore \frac{B_1}{A_1} > 0, \quad \frac{B_2}{A_2} < 0.$$

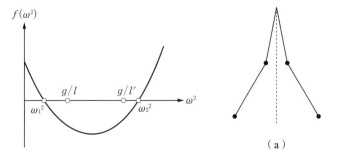

(a)　　　　(b)

したがって，規準振動 (6) では θ と φ の比がいつも一定で正であり（図 (a)），(7) では θ と φ の比がいつも一定で負である（図 (b)）．

$$\omega^2 = \frac{\left(1 + \dfrac{m'}{m}\right)(l + l') \pm \sqrt{\left(1 + \dfrac{m'}{m}\right)^2 (l - l')^2 + 4\dfrac{m'}{m}ll'\left(1 + \dfrac{m'}{m}\right)}}{2ll'}\,g$$

とすれば，$l \fallingdotseq l'$ で $m'/m \ll 1$ のときは ω_1, ω_2 の差は小さいことがわかる．初期条件として，$t = 0$ で $\theta = 0$, $\dot{\theta} = 0$, $\varphi = \varphi_0$, $\dot{\varphi} = 0$ とすれば，これらを (8) に代入して，

$$\alpha_1 = 0, \quad \alpha_2 = 0, \quad A_1 = -A_2 \fallingdotseq \frac{1}{2}\sqrt{\frac{m'}{m}}\,\varphi_0, \quad B_1 = B_2 = \frac{\varphi_0}{2}$$

となるので

$$\theta = \frac{1}{2}\left(1 - \frac{g}{l\omega^2}\right)\varphi_0(\cos\omega_2 t - \cos\omega_1 t), \qquad \varphi = \frac{\varphi_0}{2}(\cos\omega_1 t + \cos\omega_2 t).$$

$\dfrac{\omega_1 + \omega_2}{2} = \omega$, $\omega_2 - \omega_1 = p$ とおけば

$$\theta = \sqrt{\frac{m'}{m}}\,g\varphi_0 \sin pt \sin\omega t, \qquad \varphi = \varphi_0 \cos pt \cos\omega t$$

となる．φ はゆるく変わる振幅 $\varphi_0 \cos pt$, θ はやはりゆるく変わる振幅 $\sqrt{\dfrac{m'}{m}}\,g\varphi_0$ $\times \sin pt$ を持つ振動を行なうと考えてよい．

3 運動エネルギーは

$$T = \frac{1}{2}m(\dot{x}^2 + \dot{y}^2 + \dot{z}^2).$$

$\dot{z} = \dfrac{x}{R_1}\dot{x} + \dfrac{y}{R_2}\dot{y}$, したがって $\dot{z}^2$ は 4 次の微小量である．それゆえ，T の式でこれを省略して $T = \dfrac{1}{2}m(\dot{x}^2 + \dot{y}^2)$ とすることができる．

$$L = \frac{1}{2}m(\dot{x}^2 + \dot{y}^2) - mg\left(\frac{x^2}{2R_1} + \frac{y^2}{2R_2}\right).$$

$$\therefore\ m\ddot{x} = -\frac{mg}{R_1}x, \qquad m\ddot{y} = -\frac{mg}{R_2}y.$$

x 方向に周期 $2\pi\sqrt{\dfrac{R_1}{g}}$ の単振動　$x = a\cos\left(\sqrt{\dfrac{g}{R_1}}\,t + \alpha\right)$,

y 方向に周期 $2\pi\sqrt{\dfrac{R_2}{g}}$ の単振動　$y = b\cos\left(\sqrt{\dfrac{g}{R_2}}\,t + \beta\right)$

の運動を行なう．

4 運動エネルギーを重心の運動とそのまわりの回転運動とに分けて考えれば

$$T = \frac{1}{2}M\dot{z}^2 + \frac{1}{2}I\dot{\varphi}^2.$$

ただし，z は重心ののぼった高さ，I はそのまわりの慣性モーメント，位置エネルギーは $U = Mgz$.

$$\therefore \; L = \frac{1}{2}M\dot{z}^2 + \frac{1}{2}I\dot{\varphi}^2 - Mgz.$$

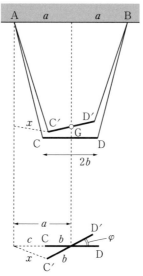

棒が φ だけ回った位置の 1 つの端 C′ から A を通る鉛直線に引いた垂線の長さを x とすれば

$$x^2 = a^2 + b^2 - 2ab\cos\varphi = a^2 + b^2 - 2ab\left(1 - \frac{1}{2}\varphi^2\right)$$

$$= (a - b)^2 + ab\varphi^2 = l^2\sin^2\alpha + ab\varphi^2.$$

したがって，糸が鉛直とつくる角の $\cos$ は

$$\sqrt{1 - \left(\frac{x}{l}\right)^2} = \cos\alpha\left(1 - \frac{1}{2}\frac{ab}{l^2\cos^2\alpha}\varphi^2\right).$$

$$\therefore \; z = l\left\{\cos\alpha - \sqrt{1 - \left(\frac{x}{l}\right)^2}\right\} = \frac{1}{2}\frac{ab}{l\cos\alpha}\varphi^2.$$

$\dot{z}^2$ は $\varphi^2\dot{\varphi}^2$ の程度の微小量であるから T の式で第 1 項は第 2 項に比べて省略することができる．Lagrangian は

$$L = \frac{1}{2}I\dot{\varphi}^2 - \frac{1}{2}Mg\frac{ab}{l\cos\alpha}\varphi^2.$$

ゆえに Lagrange の方程式は

$$I\ddot{\varphi} = -Mg\,\frac{ab}{l\cos\alpha}\,\varphi.$$

したがって小振動の周期は

$$2\pi\sqrt{\frac{Il\cos\alpha}{Mgab}}.$$

5 棒の長さを $2a$ とすれば $a = \dfrac{2}{\sqrt{15}}h$. 棒の中心が x, y（つり合いの位置を原点として），傾きが θ であるとすれば，棒の両端の座標は $(x + a\cos\theta, y + a\sin\theta)$, $(x - a\cos\theta, y - a\sin\theta)$. 糸の両端の固定点の座標は $\left(\sqrt{\dfrac{3}{5}}h, h\right)$, $\left(-\sqrt{\dfrac{3}{5}}h, h\right)$. したがって，

$$\sqrt{\left(x + a\cos\theta - \sqrt{\frac{3}{5}}h\right)^2 + (y + a\sin\theta - h)^2}$$
$$+ \sqrt{\left(x - a\cos\theta + \sqrt{\frac{3}{5}}h\right)^2 + (y - a\sin\theta - h)^2} = 4a.$$

x, y; θ が微小であることを使って（θ, x の2次の項までとる）y を出し，$U = Mgy$ を使えば

$$U = Mg\left(\frac{15}{32h}x^2 + \frac{3}{40}h\theta^2 - \frac{x\theta}{8}\right), \quad \text{また} \quad T = \frac{1}{2}M\dot{x}^2 + \frac{1}{2}M\frac{a^2}{3}\dot{\theta}^2.$$
$$\therefore\ L = \frac{1}{2}M\dot{x}^2 + \frac{1}{2}M\frac{a^2}{3}\dot{\theta}^2 - Mg\left(\frac{15}{32h}x^2 + \frac{3}{40}h\theta^2 - \frac{x\theta}{8}\right).$$

Lagrange の運動方程式は

$$M\ddot{x} = -Mg\,\frac{15}{16h}x + Mg\,\frac{\theta}{8},$$
$$M\frac{a^2}{3}\ddot{\theta} = -Mg\,\frac{3}{20}h\theta + Mg\,\frac{x}{8}.$$

$x = A\cos(\omega t + \alpha)$, $\theta = B\cos(\omega t + \alpha)$ とおいて，$\dfrac{32}{45}h^2\omega^4 - \dfrac{28}{15}hg\omega^2 + g^2 = 0$. これから $\omega^2 = \dfrac{3g}{4h}, \dfrac{15g}{8h}$. これらに対して $\dfrac{A}{B} = \dfrac{3}{2}h, -\dfrac{2}{15}h$. 一般解は

$$x = A\cos\left(\sqrt{\frac{3g}{4h}}\,t + \alpha\right) + B\cos\left(\sqrt{\frac{15g}{8h}}\,t + \beta\right),$$
$$\theta = \frac{2}{3h}A\cos\left(\sqrt{\frac{3g}{4h}} + \alpha\right) - \frac{15}{2}\frac{B}{h}\cos\left(\sqrt{\frac{15g}{8h}}\,t + \beta\right).$$

6 時計の振動するテンプを静止させたときの全体の慣性モーメント（時計をかける点 C のまわりの）を I, テンプだけの質量を m, 慣性モーメントを J とする. C と重心 G を結ぶ直線が鉛直とつくる角を θ, テンプがつり合いの位置からみて時計

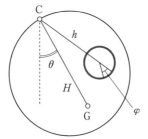

に相対的に回った角を φ とすれば,

$$T = \frac{1}{2}(I - J - mh^2)\dot{\theta}^2 + \left\{\frac{1}{2}m(h\dot{\theta})^2 + \frac{1}{2}J(\dot{\theta} + \dot{\varphi})^2\right\}$$

$$= \frac{1}{2}(I - J)\dot{\theta}^2 + \frac{1}{2}J(\dot{\theta} + \dot{\varphi})^2.$$

$$U = MgH(1 - \cos\theta) + \frac{1}{2}c\varphi^2 = \frac{1}{2}MgH\theta^2 + \frac{1}{2}c\varphi^2.$$

Lagrange の運動方程式を立てよ.

$$\theta = A\cos(\omega t + \alpha), \qquad \varphi = B\cos(\omega t + \alpha)$$

とおいて,

$$\omega^2 = \frac{1}{2(I - J)J}[Ic + MgHJ \pm \{(Ic + MghJ)^2 - 4MgHc(I - J)J\}^{1/2}].$$

$$\omega_1{}^2 = \frac{c}{J}, \qquad \omega_2{}^2 = \frac{MgH}{I} \qquad (\omega_1, \omega_2 \text{ の意味を考えよ})$$

とおいて,

$$\omega^2 = \frac{1}{2\left(1 - \dfrac{J}{I}\right)}\left\{\omega_1{}^2 + \omega_2{}^2 \pm \sqrt{(\omega_1{}^2 + \omega_2{}^2)^2 - 4\omega_1{}^2\omega_2{}^2\left(1 - \frac{J}{I}\right)}\right\}.$$

$\dfrac{J}{I}$ は小さいから ε とおいて展開する.

$$\omega = \omega_1\left(1 + \frac{1}{2}\frac{\omega_1{}^2}{\omega_1{}^2 - \omega_2{}^2}\varepsilon\right), \quad \omega_2\left(1 - \frac{1}{2}\frac{\omega_2{}^2}{\omega_1{}^2 - \omega_2{}^2}\varepsilon\right).$$

7 Lagrange の運動方程式 $\ddot{\varphi} - \omega^2\sin\varphi\cos\varphi = -\dfrac{g}{a}\sin\varphi$ で $\theta_0 = \cos^{-1}\dfrac{g}{a\omega^2}$ とし,

$\theta = \theta_0 + \varepsilon$ とおく. 高次の微小量を省略すると

$$\ddot{\varepsilon} = -\omega^2\left(1 - \frac{g^2}{a^2\omega^4}\right)\varepsilon, \quad 1 - \frac{g^2}{a^2\omega^4} > 0.$$

$$\therefore \quad \text{安定である.} \quad \varepsilon = A\cos\left(\omega\sqrt{1 - \frac{g^2}{a^2\omega^4}}\,t + \alpha\right).$$

8
$$\dot{x} = a\cos\theta\cos\varphi\,\dot{\theta} - (c + a\sin\theta)\sin\varphi\,\dot{\varphi},$$
$$\dot{y} = a\cos\theta\sin\varphi\,\dot{\theta} + (c + a\sin\theta)\cos\varphi\,\dot{\varphi},$$
$$\dot{z} = -a\sin\theta\,\dot{\theta}.$$
$$L = T = \frac{1}{2}m\{a^2\dot{\theta}^2 + (c + a\sin\theta)^2\dot{\varphi}^2\}.$$

Lagrange の運動方程式は
$$a^2\ddot{\theta} = (c + a\sin\theta)a\cos\theta\,\dot{\varphi}^2, \tag{1}$$

$$\frac{d}{dt}\{(c + a\sin\theta)^2\dot{\varphi}\} = 0. \tag{2}$$

定常運動では $\theta = $ 一定. (1) から $\cos\theta = 0$.
$$\therefore\ \theta = \frac{\pi}{2}, \quad \dot{\varphi} = 一定 = \omega$$

とおく.

$\theta = \dfrac{\pi}{2} + \varepsilon$ とおく. $\ddot{\varepsilon} = -\left(1 + \dfrac{c}{a}\right)\omega^2\varepsilon.$

$$\therefore\ 周期\ \frac{2\pi}{\omega}\sqrt{\frac{a}{c + a}}$$

の単振動的な変化を行なう.

9
$$r^2 = 2az, \tag{1}$$
$$V^2 = \dot{z}^2 + \dot{r}^2 + r^2\dot{\varphi}^2. \tag{2}$$

(1) を (2) に代入.
$$V^2 = \left(1 + \frac{r^2}{a^2}\right)\dot{r}^2 + r^2\dot{\varphi}^2.$$

$$T = \frac{m}{2}\left\{\left(1 + \frac{r^2}{a^2}\right)\dot{r}^2 + r^2\dot{\varphi}^2\right\}, \quad U = mgz = mg\frac{r^2}{2a}.$$

r, φ を一般座標として式を立てよ. $r = $ 一定 $= r_0$ の定常運動では $\omega^2 = \dfrac{g}{a}$. その

まわりの振動で, $r = r_0 + \varepsilon$ とおけば $\ddot{\varepsilon} = -\dfrac{4ag}{a^2 + r_0^2}\varepsilon$ となる.

10 $r^2 = 2az.$ $T = \dfrac{m}{2}(\dot{r}^2 + \dot{z}^2 + r^2\omega^2) = \dfrac{m}{2}\left\{\left(1 + \dfrac{r^2}{a^2}\right)\dot{r}^2 + r^2\omega^2\right\}.$ $U = mgz = $

$mg\dfrac{r^2}{2a}.$ r を一般座標とせよ.

───── **第19章** ─────────────────────────────

1
$$T = \sum_{i=1}^{n}\frac{1}{2}m_i(\dot{r}_i^2 + r_i^2\dot{\varphi}_i^2 + \dot{z}_i^2)$$

$$= \sum_{i=1}^{n} \frac{1}{2} m_i(\dot{r}_i{}^2 + \dot{z}_i{}^2) + \frac{1}{2} m_1 r_1{}^2 \dot{\varphi}_1{}^2 + \sum_{i=2}^{n} \frac{1}{2} m_i r_i{}^2(\dot{\varphi}_1 + \dot{\varphi}_i{}')^2.$$

$$\left. \begin{array}{l} p_{r_i} = \dfrac{\partial T}{\partial \dot{r}_i} = m_i \dot{r}_i, \qquad p_{z_i} = \dfrac{\partial T}{\partial \dot{z}_i} = m_i \dot{z}_i, \\[2mm] p_{\varphi_1} = \dfrac{\partial T}{\partial \dot{\varphi}_1} = m_1 r_1{}^2 \dot{\varphi}_1 + \sum_{i=2}^{n} m_i r_i{}^2(\dot{\varphi}_1 + \dot{\varphi}_i{}'), \qquad p_{\varphi_i{}'} = m_i r_i{}^2(\dot{\varphi}_1 + \dot{\varphi}_i{}'), \\[2mm] \hspace{8cm} (i = 2, \cdots, n). \end{array} \right\}$$

$$\therefore \ T = \sum_{i=1}^{n} \frac{1}{2m_i}(p_{r_i}{}^2 + p_{z_i}{}^2) + \frac{1}{2m_1 r_1{}^2}(p_{\varphi_1} - p_{\varphi_2{}'} - \cdots - p_{\varphi_n{}'})^2 + \sum_{i=2}^{n} \frac{1}{2m_i r_i{}^2} p_{\varphi_i{}'}{}^2.$$

$$\therefore \ H = \sum_{i=1}^{n} \frac{1}{2m_i}(p_{r_i}{}^2 + p_{z_i}{}^2) + \frac{1}{2m_1 r_1{}^2}(p_{\varphi_1} - p_{\varphi_2{}'} - \cdots - p_{\varphi_n{}'})^2$$

$$+ \sum_{i=2}^{n} \frac{1}{2m_i r_i{}^2} p_{\varphi_i{}'}{}^2 + U(r_1, \cdots, r_n, z_1, \cdots, z_n, \varphi_2{}', \cdots, \varphi_n{}').$$

H には φ_1 が含まれないから，これは循環座標．したがって

$$p_{\varphi_1} = m_1 r_1{}^2 \dot{\varphi}_1 + \sum_{i=2}^{n} m_i r_i{}^2(\dot{\varphi}_1 + \dot{\varphi}_i{}') = \sum_{i=1}^{n} m_i r_i{}^2 \dot{\varphi}_i = \text{一定}.$$

2
$$L = T - U = \frac{m}{2}(\dot{x}^2 + \dot{y}^2 + \dot{z}^2) + q(A_x \dot{x} + A_y \dot{y} + A_z \dot{z}) - q\varphi.$$

$$\therefore \ p_x = \frac{\partial L}{\partial \dot{x}} = m\dot{x} + qA_x, \quad p_y = m\dot{y} + qA_y, \quad p_z = m\dot{z} + qA_z.$$

$$\therefore \ H = p_x \dot{x} + p_y \dot{y} + p_z \dot{z} - L$$

$$= \frac{1}{2m}\{(p_x - qA_x)^2 + (p_y - qA_y)^2 + (p_z - qA_z)^2\} + q\varphi.$$

─── **第 20 章** ───────────────

1 (a) $q_1 = Q_1, \ q_2 = Q_2 - Q_1, \ p_1 = P_1 + P_2, \ p_2 = P_2.$

(b) $q_1 = \dfrac{1}{2}(Q_1 + Q_2), \ q_2 = \dfrac{1}{2}(Q_1 - Q_2), \ p_1 = P_1 + P_2, \ p_2 = P_1 - P_2.$

(c) $q_1 = Q_1, \ q_2 = Q_2 - Q_1, \ q_3 = Q_3 - Q_2, \ p_1 = P_1 + P_2 + P_3, \ p_2 = P_2 + P_3,$
$p_3 = P_3.$

2 (a) 母関数 $= pq - q \sin p \cos p = q \cos^{-1}\left(\dfrac{Q}{\sqrt{2q}} e^{-k}\right) - \dfrac{Q}{2} e^{-k} \sqrt{2q - Q^2 e^{-2k}}.$

(b) 母関数 $= q(\cot p + p) = q\left\{\dfrac{\sqrt{1 - q^2 e^{2Q}}}{q e^Q} + \sin^{-1}(q e^Q)\right\}.$

3 $[Q_1, P_1] = \left(\dfrac{\partial q_1}{\partial Q_1} \dfrac{\partial p_1}{\partial P_1} - \dfrac{\partial p_1}{\partial Q_1} \dfrac{\partial q_1}{\partial P_1}\right) + \left(\dfrac{\partial q_2}{\partial Q_1} \dfrac{\partial p_2}{\partial P_1} - \dfrac{\partial p_2}{\partial Q_1} \dfrac{\partial q_2}{\partial P_1}\right) = 1$ など．

4　$\dfrac{\partial W}{\partial t} + \dfrac{1}{2}\left(\dfrac{\partial W}{\partial q}\right)^2 - \dfrac{\mu}{q} = 0.$　$W = T(t) + Q(q)$ とおく.　$\dfrac{dT}{dt} + \dfrac{1}{2}\left(\dfrac{dQ}{dq}\right)^2 - \dfrac{\mu}{q} = 0.$

$$\therefore \frac{dT}{dt} = -E, \quad T = -Et.$$

$\dfrac{1}{2}\left(\dfrac{dQ}{dq}\right)^2 - \dfrac{\mu}{q} = E,$　$\dfrac{dQ}{dq} = \sqrt{2\left(E + \dfrac{\mu}{q}\right)}.$　$E = -\dfrac{\mu}{a}$ とおく.

$$\frac{dQ}{dq} = \sqrt{2\mu\left(\frac{1}{q} - \frac{1}{a}\right)}.$$

これを解けば $Q = \sqrt{2\mu a}\,\sin^{-1}\sqrt{\dfrac{q}{a}} + \sqrt{2\mu q\,\dfrac{a - q}{a}}.$ したがって

$$W = \frac{\mu}{a}t + \sqrt{2\mu a}\,\sin^{-1}\sqrt{\frac{q}{a}} + \sqrt{2\mu q\,\frac{a - q}{a}}.$$

運動は, (20.4-7) によって $\dfrac{\partial W}{\partial a} = \beta,$ $p = \dfrac{\partial W}{\partial q}$ から求められる.

5　$H = \dfrac{1}{2m}(p_x{}^2 + p_y{}^2 + p_z{}^2) + mgz.$　Hamilton-Jacobi の偏微分方程式は

$$\frac{1}{2m}\left\{\left(\frac{\partial S}{\partial x}\right)^2 + \left(\frac{\partial S}{\partial y}\right)^2 + \left(\frac{\partial S}{\partial z}\right)^2\right\} + mgz = E.$$

$S = X(x) + Y(y) + Z(z)$ とおいて, 変数を分離せよ.

$$S = \alpha_1 x + \alpha_2 y + \int \sqrt{2m(E - mgz) - \alpha_1{}^2 - \alpha_2{}^2}\, dz.$$

(20.4-16) により

$$t - t_0 = \int_{z_0}^{z} \frac{m\,dz}{\sqrt{2m(E - mgz) - \alpha_1{}^2 - \alpha_2{}^2}} = -\sqrt{\frac{2}{g}}\sqrt{z_0 - z},$$

$$z_0 = \frac{1}{2m^2 g}(2mE - \alpha_1{}^2 - \alpha_2{}^2).$$

$$\beta_1 = \frac{\alpha_1}{m}\sqrt{\frac{2}{g}}\sqrt{z_0 - z} + x, \qquad \beta_2 = \frac{\alpha_2}{m}\sqrt{\frac{2}{g}}\sqrt{z_0 - z} + y.$$

$$\therefore\ z = z_0 - \frac{1}{2}g(t - t_0)^2, \quad x = x_0 + \frac{\alpha_1}{m}(t - t_0), \quad y = y_0 + \frac{\alpha_2}{m}(t - t_0).$$

6　$H = \dfrac{1}{2}\dfrac{1}{M\kappa^2}p^2 - Mgl\cos\varphi = E.$　ゆえに Hamilton-Jacobi の偏微分方程式は,

$$\frac{1}{2M\kappa^2}\left(\frac{dS}{d\varphi}\right)^2 - Mgl\cos\varphi = E.$$

これを解けば

$$S = \sqrt{2M\kappa^2} \int \sqrt{E + Mgl\cos\varphi}\, d\varphi.$$

$$\therefore\ t - t_0 = \frac{\partial S}{\partial E} = \frac{1}{2}\sqrt{2M\kappa^2} \int \frac{d\varphi}{\sqrt{E + Mgl\cos\varphi}}.$$

$E = -Mgl\cos\varphi_0$ とおいて,

$$t - t_0 = \frac{1}{2}\sqrt{\frac{\kappa^2}{gl}} \int \frac{d\varphi}{\sqrt{\sin^2\dfrac{1}{2}\varphi_0 - \sin^2\dfrac{1}{2}\varphi}}.$$

$\sin\dfrac{\varphi}{2} = k\sin\theta,\ \ k = \sin\dfrac{\varphi_0}{2}$ とおいて,

$$t - t_0 = \sqrt{\frac{\kappa^2}{gl}} \int \frac{d\theta}{\sqrt{1 - k^2\sin^2\theta}}.$$

「力学 I」§8.1 参照.

7 $l_x = yp_z - zp_y,\ l_y = zp_x - xp_z,\ l_z = xp_y - yp_x$ を使い, 演算の規則 (20.8-14) 〜 (20.8-16) と (20.8-10) (p_x, p_y, p_z, x, y, z についての) を使う.

8 Poisson の恒等式 (20.8-18) を使う.

第 21 章

1 (a) $x = \dfrac{1}{\sqrt{m}}(\xi\cos\theta - \eta\sin\theta),\ y = \dfrac{1}{\sqrt{m}}(\xi\sin\theta + \eta\cos\theta)$ によって $(x, y) \to$ (ξ, η) の変換を行なえば

$$T = \frac{1}{2}(\dot\xi^2 + \dot\eta^2), \qquad U = g\{(A + H)\xi^2 + (A - H)\eta^2\}$$

となる (ξ, η:規準座標).

$$\omega' = \sqrt{2g(A + H)}, \qquad \omega'' = \sqrt{2g(A - H)}.$$

(b) $H = 0$ のとき, すなわち $z = A(x^2 + y^2)$ に束縛されているとき.

(c) (x, y) を θ だけ回転して (x', y') 軸とし, (x', z) を含む平面を付加束縛とするとき

$$U = mg(A + H\sin 2\theta)x'^2$$

となる.

$$\omega = \sqrt{2g(A + H\sin 2\theta)}.$$

(d) 略. (e) $\dfrac{d\omega^2}{d\theta} = 0$ を求める. (f) 略.

────── **第 23 章** ─────────────────────────────────

3 $\tilde{\nu} = \dfrac{2n \pm 1}{8\pi^2 A} h,$ 回転数 $\nu = \dfrac{n}{4\pi^2 A} h,$ $\tilde{\nu} = \nu \left(1 \pm \dfrac{1}{2n} \right).$

────── **第 24 章** ─────────────────────────────────

1 $l_0 \sqrt{1 - \beta^2}.$ **2** 到着できる.

3 $\nu' = \nu \dfrac{1 - \dfrac{V}{c} \cos\alpha}{\sqrt{1 - \left(\dfrac{V}{c} \right)^2}},$ $\tan\alpha' = \dfrac{\sqrt{1 - \dfrac{V^2}{c^2}} \sin\alpha}{\cos\alpha - \dfrac{V}{c}}.$

4 $\nu = \dfrac{\sqrt{1 - \beta^2}}{1 - \beta \cos\alpha} \nu_0,$ $\beta = \dfrac{V}{c}.$ **5** 横効果 $\sqrt{1 - \beta^2}\, \nu_0,$ 縦効果 $\dfrac{\sqrt{1 - \beta^2}}{1 - \beta} \nu_0.$

7 問題 3 の場合 $\nu' = \nu \left(1 - \dfrac{V}{c} \cos\alpha \right),$ $c' = c - V \cos\alpha,$ $\alpha' = \alpha.$ 4 の場合 $\nu = \dfrac{\nu_0}{1 - \beta \cos\alpha}.$ 5 の場合 $\nu_t = \nu_0,$ $\nu_l = \dfrac{1}{1 - \beta} \nu_0.$ 6 の場合 $\tan\theta' = \dfrac{\sin\theta}{\cos\theta + \beta}.$

9 $-\dfrac{2u}{1 + \dfrac{u^2}{c^2}}.$ **10** $\sqrt{1 - \dfrac{L^2}{c^2 t^2}}\, t.$

11 (i) 0, $\dfrac{2m_0}{\sqrt{1 - \left(\dfrac{u}{c} \right)^2}} c^2.$ (ii) $-u,\ u.$

索　引

欧文

Balmer → バルマー
Bernoulli → ベルヌーイ
D'Alembert → ダランベール
de Broglie → ドゥ・ブロイ
Dirichlet → ディリクレ
Doppler → ドップラー
Einstein → アインシュタイン
Euler → オイラー
Fermat → フェルマー
Fizeau → フィゾー
Galilei → ガリレイ
Hamilton → ハミルトン
Hamiltonian → ハミルトンの関数
Jacobi → ヤコビ
Kepler → ケプラー
Lagrange → ラグランジュ
Lagrangian → ラグランジュの関数
Legendre → ルジャンドル
Liouville → リゥヴィル
Lorentz → ローレンツ
Lyman → ライマン
Maupertuis → モーペルチューイ
Michelson-Morley
　→ マイケルソン-モーレー
Minkowski → ミンコフスキー
Paschen → パッシェン
Poincaré → ポアンカレ
Poisson → ポアッソン
Schrödinger → シュレーディンガー

ア

アインシュタイン　Einstein　　152, 155
アインシュタインの関係
　　Einstein's relation　　192
安定なつり合い
　　stable equilibrium　　12, 115

イ

位相空間　phase space　　70, 104
一般化された運動量
　　generalized momentum　　68
一般化された座標
　　generalized coordinates　　41, 42
一般化された力　generalized force　　43

ウ

動く時計の遅れ
　　dilation of moving clocks　　163
運動エネルギー　kinetic energy　　178
運動ポテンシャル　kinetic potential　　31
運動量　momentum　　176, 177
　一般化された ——
　　generalized ——　　68
運動量-エネルギー4元ベクトル
　　momentum-energy four vector　　180
運動量保存の法則　law of conservation
　　of momentum　　77, 131, 181

エ

永年方程式　secular equation　　118
エーテル　ether, aether　　190

エネルギー　energy　178
エネルギーと質量
　energy and mass　185, 187
エネルギー保存の法則
　law of conservation of energy　181
遠心力　centrifugal force　25
円錐振り子　conical pendulum　25

オ

オイラーの角　Eulerian angles　42
オイラーの古典積分
　Euler's classical integrals　132
オイラーの定理　Euler's theorem　71
オイラーの微分方程式
　Euler's differential equation　16

カ

回転子　rotator　142, 149
回転（rotation）的　139
角運動量　angular momentum　113
角運動量保存の法則　law of conservation
　of angular momentum　79, 131
仮想仕事　virtual work　5
仮想仕事の原理
　principle of virtual work　6
仮想的な力　fictitious force　24
仮想変位　virtual displacement　3
仮想変位の原理
　principle of virtual displacement　6
固い束縛　rigid constraint　5
ガリレイ変換　Galilei transformation
　150, 151, 153
間隔　interval　173, 174
慣性質量　inertial mass　188
慣性抵抗　force of inertia　24

キ

幾何光学　geometrical optics　39
規準座標　normal coordinates　55, 125
規準振動　normal mode of oscillation　52

規準振動の停留性　stationary property
　of normal mode of oscillation　126
既知力　known force　4
共振　resonance　53
均質性　homogeneity
　空間の ―― ―― of space　156
　時間の ―― ―― of time　156

ク

空間的間隔　space-like interval　173
空間と時間の融合
　fusion of space and time　161
空間の均質性　homogeneity of space　156
空間の無方向性
　isotropic nature of space　156
駆動力　treibende Kraft〔独〕　4
加えられた力　applied force　4

ケ

ケプラー運動　Keplerian motion　146
ケプラーの第3法則
　Kepler's third law　59

コ

広義運動量　generalized momentum　68
広義座標　generalized coordinate　42
広義の力　generalized force　43
光子　photon　177, 179
光錐　light cone　169
光速度不変の原理　principle of
　invariance of light velocity　154
こまの運動　motion of a top　75
固有時　proper time　175
固有時間間隔　proper time interval　163
固有値を求める問題
　eigenvalue problem　119
固有の長さ　proper length　162

サ

サイクロイド　cycloid　19

最小作用の原理
　principle of least action　　34, 38
最速降下線　brachistochrone　　17
座標　coordinate
　一般化された ——
　　generalized ——　　41, 42
作用　action　　38
作用積分　action integral　　38
3 体問題　three-body problem　　130

シ

時間的間隔　time-like interval　　173
時間と空間の融合
　fusion of space and time　　161
時間の均質性　homogeneity of time　　156
時間の消去　elimination of time　　133
事件　event　　152
事件ベクトル　event vector　　174
質量とエネルギー
　mass and energy　　185, 187
自由度　degree of freedom　　2
縮退　degenerate　　125
主軸変換　principal axis transformation,
　Hauptachsentransformation〔独〕　　54
主量子数　principal quantum number　　147
シュレーディンガーの方程式
　Shrödinger's equation　　39, 75, 98
循環座標　cyclic coordinate　　72, 74
昇交点の消去　elimination of mode　　134
小振動　small oscillations　　117
信号　signal　　158
振動数条件　frequency condition　　140
振動（libration）的　　139

セ

制限 3 体問題
　restricted three-body problem　　138
正三角形解　triangular solution　　134
静止質量　rest mass　　177
正準共役　canonically conjugate　　70

正準変換
　canonical transformation　　82, 85
正準変数　canonical variable　　70
世界　world　　173
世界線　world line　　169, 183
絶対不変量　absolute invariant　　103
線形調和振動子
　linear harmonic oscillator　　85

ソ

双曲線運動　hyperbolic motion　　184
相対不変量　relative invariant　　101
測地線　geodesics　　40
速度の合成
　composition of velocities　　165
束縛　constraint
　固い ——　rigid ——　　5
　滑らかな ——　smooth ——　　5
束縛力　force of constraint　　11

タ

多重周期運動
　multiply periodic motion　　144
ダランベールの原理
　principle of D'Alembert　　24, 27, 29, 41
単振動　simple oscillation,
　simple harmonic motion　　34
単振り子　simple pendulum　　33, 46

チ

力　force
　一般化された ——
　　generalized ——　　43
中心力　central force　　146
中心力場　central force field　　93
中立のつり合い
　neutral equilibrium　　12, 115
調和振動子　harmonic oscillator　　85, 140
直接の力　direct force　　4
直線解　collinear solution　　134

直交関係　orthogonal relation　124

ツ

つり合い　equilibrium
安定な —— stable ——　12, 115
中立の —— neutral ——　12, 115
不安定な —— unstable ——　12, 115

テ

定常運動　steady motion　57
定常状態　stationary state　140
ディリクレの条件
Dirichlet's criterion　116
てこ　lever　2, 7
点変換　point transformation　81

ト

同時刻の相対性
relativity of simultaneity　160
ドゥ・ブロイ　de Broglie　39
特殊相対性原理
principle of special relativity　154
特殊相対性理論
special theory of relativity　151, 155
特性関数　characteristic function　69
ドップラーの効果　Doppler's effect
—— の縦効果　longitudinal effect　195
—— の横効果　lateral effect　195
共振　resonance　53
ドラッギング係数
dragging coefficient　167

ナ

滑らかな束縛　smooth constraint　5

ニ

二重振り子　double pendulum　42, 48, 66
ニュートリノ　neutrino　177

ネ

熱力学　thermodynamics　73

ハ

パッシェン系列　Paschen series　148
ハミルトン形式
Hamiltonian formalism　73
ハミルトンの関数
Hamiltonian　69, 74, 193
ハミルトンの原理
Hamilton's principle　32, 41, 44
変形された —— modified ——　83
ハミルトンの主関数
Hamilton's principal function　89
ハミルトンの正準方程式
canonical equation of Hamilton　70
ハミルトン-ヤコビの偏微分方程式
Hamilton-Jacobi's partial differential
equation　89, 91, 143
バルマー系列　Balmer series　148
反ニュートリノ　anti-neutrino　155
万有引力　universal gravitation　95

ヒ

光時計　light clock　164
微小正準変換　infinitesimal canonical
transformation　98
微小接触変換　infinitesimal contact
transformation　98

フ

不安定なつり合い
unstable equilibrium　12, 115
フィゾーの実験
Fizeau's experiment　166
フェルマーの法則
Fermat's principle　39
不確定性原理　uncertainty principle　152
物質の消滅　annihilation of matter　189

物理振り子　physical pendulum　113
不変（量）　invariant　100, 156

ヘ

ベクトルポテンシャル
　vector potential　65
ベルヌーイ，ヤコブ
　Bernoulli, Jakob　20
ベルヌーイ，ヨハン
　Bernoulli, Johann　17
変形されたハミルトンの原理
　modified Hamilton's principle　83
変分法　calculus of variation　14

ホ

ポアッソンの括弧式
　Poisson's bracket expression　107
ポアッソンの恒等式
　Poisson's identity　111
ポアンカレ　Poincaré　33, 152
方位量子数
　azimuthal quantum number　147
放物運動
　motion of a projectile　34, 46, 113
母関数　generating function　85
保存力　conservative force　8

マ

マイケルソン-モーレーの実験
　Michelson-Morley's experiment
　153, 190

ミ

μ 中間子　muon　163
ミンコフスキー　Minkowski　168
ミンコフスキーの力
　Minkowskian force　182

モ

モーペルチューイ　Maupertuis　34

ヨ

4 元運動量　four momentum　180
4 元速度ベクトル
　four velocity vector　175
4 元ベクトル　four-vector　175

ラ

ライマン系列　Lyman series　148
ラグランジュ形式
　Lagrangian formalism　73
ラグランジュの運動方程式
　Lagrange's equation of motion　46, 68
ラグランジュの括弧式
　Lagrange's bracket expression　105
ラグランジュの関数　Lagrangian　31, 193
ラグランジュの変分方程式
　Lagrange's variational equation　27, 41

リ

リュヴィルの定理
　Liouville's theorem　105
力学的エネルギー保存の法則　law of
　conservation of mechanical energy
　72, 131
量子条件　quantum condition　140

ル

ルジャンドル変換
　Legendre's transformation　72, 73

ロ

ローレンツ　Lorentz　152
ローレンツ収縮
　Lorentz contraction　162, 171, 174, 195
ローレンツ変換
　Lorentz transformation　158, 173

ワ

惑星の運動　planetary motion　47

著者略歴

原島　鮮（はらしま　あきら）

1908 年京城に生まれる. 1930 年東京帝国大学理学部物理学科卒業. 旧制第一高等学校教授, 九州大学教授, 東京工業大学教授, 国際基督教大学教授, 東京女子大学学長を歴任. 東京工業大学名誉教授. 専門は理論物理学, 特に液体の表面張力の統計力学. 理学博士.
主な著書に「力学（三訂版）」「初等量子力学（改訂版）」「初等物理学」「基礎物理学選書 1　質点の力学（改訂版）」「基礎物理学選書 3　質点系・剛体の力学（改訂版）」「基礎物理学選書 18　熱学演習 ― 熱力学 ―」「高校課程物理（上・下）」「物理教育 覚え書き」「続・物理教育 覚え書き」（以上, 裳華房）,「熱力学・統計力学（改訂版）」（培風館）がある.

力学 II ― 解析力学 ―（新装版）

1973 年 2 月 5 日	第 1 版 発 行
2009 年 2 月 10 日	第 36 版 発 行
2019 年 5 月 25 日	第 36 版 5 刷 発 行
2020 年 11 月 30 日	新装第 1 版 1 刷 発 行
2023 年 5 月 25 日	新装第 1 版 2 刷 発 行

検　印
省　略

定価はカバーに表示してあります.

著作者　　原　島　　　鮮

発行者　　吉　野　和　浩

発行所　　東京都千代田区四番町 8-1
電　話　03-3262-9166（代）
郵便番号　102-0081
株式会社　裳　華　房

印刷所　　株式会社　精　興　社

製本所　　牧製本印刷株式会社

一般社団法人
自然科学書協会会員

JCOPY 〈出版者著作権管理機構 委託出版物〉
本書の無断複製は著作権法上での例外を除き禁じられています. 複製される場合は, そのつど事前に, 出版者著作権管理機構（電話 03-5244-5088, FAX 03-5244-5089, e-mail: info@jcopy.or.jp）の許諾を得てください.

ISBN 978-4-7853-2273-1

© 原島　鮮, 2020　　Printed in Japan

本質から理解する 数学的手法

荒木　修・齋藤智彦 共著　Ａ５判／210頁／定価 2530円（税込）

　大学理工系の初学年で学ぶ基礎数学について，「学ぶことにどんな意味があるのか」「何が重要か」「本質は何か」「何の役に立つのか」という問題意識を常に持って考えるためのヒントや解答を記した．話の流れを重視した「読み物」風のスタイルで，直感に訴えるような図や絵を多用した．
　【主要目次】1. 基本の「き」　2. テイラー展開　3. 多変数・ベクトル関数の微分　4. 線積分・面積分・体積積分　5. ベクトル場の発散と回転　6. フーリエ級数・変換とラプラス変換　7. 微分方程式　8. 行列と線形代数　9. 群論の初歩

力学・電磁気学・熱力学のための 基礎数学

松下　貢 著　Ａ５判／242頁／定価 2640円（税込）

　「力学」「電磁気学」「熱力学」に共通する道具としての数学を一冊にまとめ，豊富な問題と共に，直観的な理解を目指して懇切丁寧に解説．取り上げた題材には，通常の「物理数学」の書籍では省かれることの多い「微分」と「積分」，「行列と行列式」も含めた．
　【主要目次】1. 微分　2. 積分　3. 微分方程式　4. 関数の微小変化と偏微分　5. ベクトルとその性質　6. スカラー場とベクトル場　7. ベクトル場の積分定理　8. 行列と行列式

大学初年級でマスターしたい 物理と工学の ベーシック数学

河辺哲次 著　Ａ５判／284頁／定価 2970円（税込）

　手を動かして修得できるよう具体的な計算に取り組む問題を豊富に盛り込んだ．
　【主要目次】1. 高等学校で学んだ数学の復習 −活用できるツールは何でも使おう−　2. ベクトル −現象をデッサンするツール−　3. 微分 −ローカルな変化をみる顕微鏡−　4. 積分 −グローバルな情報をみる望遠鏡−　5. 微分方程式 −数学モデルをつくるツール−　6. ２階常微分方程式 −振動現象を表現するツール−　7. 偏微分方程式 −時空現象を表現するツール−　8. 行列 −情報を整理・分析するツール−9. ベクトル解析 −ベクトル場の現象を解析するツール−　10. フーリエ級数・フーリエ積分・フーリエ変換 −周期的な現象を分析するツール−

物理数学　［物理学レクチャーコース］

橋爪洋一郎 著　Ａ５判／354頁／定価 3630円（税込）

　物理学科向けの通年タイプの講義に対応したもので，数学に振り回されずに物理学の学習を進められるようになることを目指し，学んでいく中で読者が疑問に思うこと，躓きやすいポイントを懇切丁寧に解説している．また，物理学科の学生にも人工知能についての関心が高まってきていることから，最後に「確率の基本」の章を設けた．
　【主要目次】0. 数学の基本事項　1. 微分法と級数展開　2. 座標変換と多変数関数の微分積分　3. 微分方程式の解法　4. ベクトルと行列　5. ベクトル解析　6. 複素関数の基礎　7. 積分変換の基礎　8. 確率の基本

裳華房ホームページ　https://www.shokabo.co.jp/